U0034013

為什麼書賣這麼貴

臺灣出版行銷指南

楊玲・著

Contents

Con-
tents

二　價格，決定勝負

為什麼書賣這麼貴？──臺灣出版行銷指南

三　通路，問題很大

Con-
tents

四　促銷萬歲

前言　賣書，不是你想這麼簡單！

> 不管你夢想成為作者、編輯或出版者、甚至一般讀者。對於手上的書誕生、行銷，直到你的手上，你知道花了多少功夫嗎？你認識它們有多深？你了解賣一本書背後的繁複行銷過程嗎？對出版有企圖或好奇的人，不可不知——賣書，不是你想這麼簡單！

　　臺灣書籍的行銷市場，雖然具有相當的發展潛力，但與其他產業相比，出版產業常被認為是不賺錢，以理想為導向的行業。而書籍銷售市場無法「更上一層樓」，原因有二個：**第一是大環境的限制**。臺灣出版業的這塊大餅，營業額一年約有500、600億元，近8000多家出版社要競逐，於是便形成「僧多粥少」的窘境。**第二是大眾閱讀習慣改變**。大眾一周看書的時間約不到3小時，一年花不到1500元左右買書，一本書估計會有4人傳閱，加上網路普及和生活型態的改變，出版社除了面對同業的激烈競爭外，更必須要絞盡腦汁去吸引讀者買書。

　　書籍出版的先天困境及大眾閱讀習慣並不易改變，在這樣競爭激烈的大環境下，如何讓書籍提升銷售量，行銷成為最關鍵性的因素之一。行銷的概念在1970年代後期漸受出版界重視，到了1980年代之後成為顯學。以2006年為例，書籍出版業者在整體支出中，行銷費用為最高占1/5，可見出版業者對於行銷策略之

重視。但在行銷策略上，有時顯得毫無章法、一窩蜂的狀況，如皇冠出版社平雲所說，目前出版社處於一種「出版亢奮」的狀況。「一方面為了競奪有限的市場資源，一方面企圖複製別人的成功經驗，再一方面迷信透過強力行銷動員即可創造市場，所以無限度地擴張出版量，把所有好的、不好的、成品、半成品統統丟到市場上去，而不管市場是否消化得了，或讀者真正要的是什麼？」（孟樊，2007）

　　因此，本書將有系統地整理出版行銷的方式，供業界及大眾作有價值的參考。行銷大師柯特勒把行銷定義為：「行銷是管理可獲利的顧客關係。」一個具體可行的行銷策略，必須要有計畫的去執行方可成功。而在現代的行銷學上有一個重要的觀念：「行銷並非只是一個部門，而是公司的整體導向。」成功的行銷策略不再只是行銷部門的事情，而是整家公司的核心理念，再加以實行的結果。因此，書籍的出版業者，如何利用現有整體的出版資源，規畫適宜的行銷策略，創造銷售的「神話」，是相當值得探討分享的議題。

　　本書將以行銷學中的4P組合，探討臺灣書籍出版的行銷策略。「4P」指的是產品（product）、價格（price）、配銷通路（place）和促銷（promotion）。同時，配合12位資深出版人深度訪談，在檢視出版市場的實際行銷情況外，也揭開臺灣出版產業所面臨的問題，找出臺灣出版行銷策略特性、應用與成功模式。

　　在書中訪談的12位資深出版人，皆是作者親身採訪。由於本書篇幅有限，凡屬於訪談對象所談及的內容，如行銷方式、出版社經營等，書中將不再標示出處。而涉及參考文獻、非訪談內容部分，書中一律（作者，出版年份）作標註，如範例：（孟樊，2007）。最後也會附上「參考及推薦書單」。關於訪談完整內容

及註解，可見作者於2008年國立臺北教育大學出版的《臺灣文學出版行銷策略》碩士論文，**同時也特地感謝國立臺北教育大學語文與創作學系陳俊榮教授指導論文完成。**

以下為本書訪談的11家出版社的12位出版人，如表Ⅰ所示：

表Ⅰ　訪談對象

	訪談出版社	受訪者	受訪者職稱
1	格林文化事業股份有限出版公司	張玲玲	副總經理
2	聯合發行股份有限公司	陳秋玲	整合行銷室副理
3	秀威資訊科技股份有限公司	宋政坤	總經理
4	時報文化出版企業股份有限公司	陳俊斌	前人文科學線主編
5	麥田出版社	林毓瑜	行銷企畫部副理
6	爾雅出版社	隱地	社長
7	唐山出版社	陳隆昊	社長
8	遠流出版事業股份有限公司	周惠玲	副總編輯
		王品	行銷業務部協理
9	二魚文化事業群	謝秀麗	發行人
10	九歌出版社有限公司	陳素芳	總編輯
11	高寶書版集團	黃淑鳳	行銷部通路經理

在受訪當時有二位職稱是比較特別，一是聯合發行股份有限公司整合行銷室副理陳秋玲，聯合發行股份有限公司為2008年聯合報系集團成立的新公司，其原為聯經出版事業公司的業務部，後獨立出來的分公司。陳秋玲原為聯經的行銷室副理，目前其已

從聯合發行股份有限公司離職。另一位是時報文化出版企業股份有限公司前人文科學線主編陳俊斌，在訪談時已離開該公司。但由於他們在聯經、時報工作的資歷很完整，其經驗對本書內容幫助甚大。故在稱謂上，仍以「聯經陳秋玲」、「時報陳俊斌」方式稱呼。**在此也衷心感謝以上12位資深出版人分享。**

　　另外，由於本書暢談的內容是出版行銷，因此特附上「臺灣出版行銷回顧」；同時，本書也多以文學書籍舉例，也另附上「SWOT分析：文學vs.非文學出版」一文。

1 把書籍當作產品行銷

　　書籍出版基本分為二種：實用性與情感性。實用性的書籍包括專業性書籍，如教科書、工具書等；情感性的書籍如文學書籍等。以文學書籍而言，與其他書籍的最大差異，在於文學書籍是帶有作者個人情感色彩的產品。它並不像實用性及專業性書籍具實用價值，消費者沒有非買不可的理由。因此，在產品設計上必須讓讀者有購買的動力。

　　而作者是整個出版行銷最重要的一環，也是影響讀者購買的重要關鍵，作者與書籍是密不可分的，讀者常常因為作者而購買書籍。同時，出版社的出版路線及選書標準也是書籍成敗的關鍵。雖然很多書籍訴求的是精神上的需求，讀者沒有非買不可的理由。然而包裝成功的書籍，可以在競爭激烈的書市中抓住讀者目光，提升銷售的機會。在設計上，每本書籍都是獨立的「個性」，以下介紹書籍的開本；封面及封底；書名、書背及書腰；以及內容形式設計等方面，揭開書籍行銷的神秘面紗。

1.1 找作者好難——你需要什麼資格？

作者來源與特色

　　在作者的選擇上，可以分為主動投稿的作者及出版社邀稿的作者，本書訪談的11家出版社，整理出其中9家作者投稿及出版社邀稿的比例，如表1-1所示：

表1-1　作者投稿與出版社邀稿之比例

出版社	作者投稿	出版社邀稿
聯經	50%	50%
秀威	60%	40%
時報	30%	70%
唐山	70%	30%
二魚	2%	98%
九歌	20%	80%
高寶	20%	70%-80%（含翻譯書）
格林	圖畫書兩者皆有。文學繪本以翻譯經典書籍為主，很少個人來稿。	
爾雅	成立前十年出版社邀稿較多，後來則以作者主動投稿為多。	

　　從上表來看，作者的來源以出版社邀稿居多，共約4家。而作者來稿比較多的出版社則只有2家左右。

（一）出版社邀稿

　　第一，大型出版社以邀稿居多。主要是因為大型出版社如高寶及時報等，為了維持市場的競爭性，在作者的挑選上會選擇主動出擊尋找知名較高、具有市場性及話題性的作者。如聯經會主動邀稿的都是知名度高的作者，李家同、黃崑巖、漢寶德及李開復等等。另外，大型出版社也較少採用新人及本土作者的稿子。因為主動來稿的新人，編輯大部分都不熟悉，也沒有時間去細讀來稿。同時新人作者要建立知名度需要一段時間，比較不符合經濟效益。

　　第二，出版社的經營方針不同，稿件來源也有所差異。如九歌及二魚等出版社在稿件的來源上有自己的規畫方針。而出版

社為了維持一定的品質，多會選用有經驗作者的稿件。九歌陳素芳表示，在審稿上，有經驗的作者的稿件，比較容易閱讀。又如二魚是以經營人文題材為主軸的出版社，其下有10多個書系，依照每個書系的不同性質，作者的選擇也有所不同。出版社採取主動邀稿的方式，比較能規畫方向。以作者來稿為主的出版社，在經營上有自己的考量。像秀威主要是以數位出版為主，運用P.O.D.與B.O.D.印刷的方式，即賣多少印多少。他們的行銷目標是希望達到專業分眾及個人化的需求。在這樣的經營理念下，形成其歡迎各式各樣的作者來稿。

第三，**地理位置及規模的影響**。如唐山因為位於臺北市公館地區，交通便利。雖然出版規模不大，但出版品有一定的品質保證。在審稿上，也不若大型出版社偏重市場性的考量，加上有自己的門市，所以很多作者都主動來稿。

第四，**時代變遷的差異**。作者的來源有時隨著時代不同，也會有所差異。如爾雅創立至今34年，歷史悠久，在創立前10年，爾雅主動邀稿比較多。後來則因為建立品牌保證，來稿者眾多，社長隱地表示：「光是來稿的稿件就出版不完，所以目前極少約稿。」由此可見，作者來源會隨著時代改變而有所不同。

P.O.D.與B.O.D.，P.O.D.全名是Print On Demand，中文稱為「隨需印刷」。P.O.D.印刷是指把書本的內容，用特定的格式儲存為數位格式，應需要量隨時印刷成書。主要用於書籍期刊、排版、設計及少量印刷上。另外還有B.O.D.（Books on Demand），與P.O.D.概念相似，主要用於學術或個人出版上。有別於傳統出版每次的大量印刷，這種數位出版的方式，即使只印一本也可以成書。秀威是臺灣目前唯一同時擁有P.O.D.數位印刷及B.O.D.數位出版的專業機制公司。（宋政坤，資料提供）

另外也發現讓出版社主動邀稿的作者,具有以下特色:

　　第一,作者知名度高。讓出版社主動邀稿的作者,必須具有一定的知名度。像高寶的作者,大部分都是曝光率較高者,如知名的部落格作者;聯經的作者也是以名家為主。

　　第二,配合時事。如聯經出版的《黃崑巖談教養》,那時適逢2000年總統大選,候選人的教養受到高度檢視,黃崑巖在辯論會上的提問「何謂教養?」成為焦點。因此,此書一出版立即成為暢銷書。又如李家同和高行健,前者在921地震時,帶領暨南國際大學學生到臺北讀書;後者是首位華人作者獲得諾貝爾獎。事件發生的當下,他們的書也跟著更受歡迎。又像2007、2008年本土知名作者相繼創作親情題材的書籍,如張大春、簡媜及龍應台等,書籍不但暢銷更形成風潮,銷售量甚至與翻譯書籍不相上下。如龍應台《目送》一書,銷售近10萬冊,成為近年來華文文學創作大賣之作(蘇惠昭,2009)。

　　第三,作者口碑佳。作者具有一定實力,受到讀者的歡迎。如爾雅出版的第一本書王鼎鈞《開放的人生》,先是以專欄方式在報紙上刊登,獲得熱烈的迴響。後來爾雅社長隱地即積極爭取出版此書,在與作者王鼎鈞多次深談後,終於獲得該書出版權。34年來《開放的人生》銷售40萬本,至今仍繼續在銷售(孫梓評,2009)。

　　第四,作者擁有一定讀者。如九歌出版朱少麟的《傷心咖啡店之歌》,大受好評,讀者接受度高。接下來的《燕子》、《地下三萬呎》二本書,一出版也成為暢銷書。原因是作者一開始的作品已受到讀者注目及喜愛,建立了個人品牌及擁有一定讀者,因此後來出版的新書,就會吸引一定的讀者主動購買。像麥田的網路作者如蔡智恆及敷米漿等書籍,已經出版一定的數量,也培養出支持他們的讀者,所以在銷售上有一定的保證。

為什麼書賣這麼貴?——臺灣出版行銷指南

對於這些作家，出版社在他們身上行銷，也願意花更多心力。又如唐山出版很多大學老師的書籍，而老師的身分對行銷有很大的幫助。原因是老師與學生互動密切，很多時候學生會因為仰慕老師或課堂需要等原因購買。另外，老師是長時間教學及常常被邀請到處演講，他們的書籍更容易成為長銷書。當知名度打開後，培養一定數量的讀者並不是問題。

（二）作者來稿

而一般作者來稿的部分，出版社會考量因素包括作者背景與能力、創作動機、題目內容及是否具有市場性等。貓頭鷹出版社長陳穎青把其歸納成五大要素：第一，「who：這個作者是誰？」；第二：「what：他要寫什麼題目？」；第三，「what for：他為什麼要寫那個題目？」；第四，「how：他為什麼有能力寫那個題目？」；第五，「why：為什麼臺灣讀者要關切（他寫的）那個題目？」（陳穎青，2007）

作者來稿要讓出版社青睞，關鍵在於提案一定要簡潔及有系統地呈現特色。一個好的提案可以包括以下九大要素（Michael Snell等，1997）：

1. 封面
2. 標題
3. 內文摘要或寫作計畫
4. 提案目錄
5. 書籍介紹
6. 自我簡介
7. 章節架構及簡述
8. 摘要其中一章
9. 試寫其中一章

作者類別及其溝通方式

作者通常以幾個標準來分類：**第一，國籍分類**，如本土作者與外國作者；美國作者與歐洲作者等等。**第二，暢銷與否。第三，長銷與否。第四，經典與否。第五，創作類型**，如詩人、小說家等。以上分類是可以重疊的，如本土作家周芬伶是「本土」「暢銷」「散文」作者；如泰戈爾是印度「經典」「詩人」等。不同的出版社，選擇不同的分類方式。一家出版社的作者可以包括以上多種類型；而一個作者因其不同的作品，也可以跨類別。如時報的「藍小說」書系，主要以外國作者作品為主，但比較知名的外國作者，如村上春樹的作品，就把它獨立成「村上春樹」書系。所以在分類上，就有國籍分類、暢銷與否的分類等等。

作者的分類使出版社容易與他們以不同方式進行溝通，分為五大類說明——

（一）國籍

以時報為例，在作者系列上有兩條書系是依據不同的國籍分類。如「藍小說」書系涵納的就是外國作者作品，本土作者則多屬於「新人間」系列等。外國的作品有譯者翻譯，大部分譯者的稿費都是以買斷方式計算，除非是知名的譯者，一般譯者不太會參與行銷活動。遠流曾邀請名人胡茵夢翻譯《無所事事的藝術》一書，由於其知名度高，故以抽版稅方式計價，銷量愈高其版稅收入愈多。副總編輯周惠玲表示：「由於胡小姐的形象和她關心的議題，都很適合這本書。而且她的翻譯是以抽版稅方式，賣書

賣愈多，她就領到愈多稿費，所以雙方一開始就議定，她會配合我們的行銷活動。」

出版社與外國作者的溝通，也比本土作者困難，如高寶出版美國作者雷夫‧艾斯奎的《第56號教室的奇蹟》，在各中小學造成很大的迴響，出版社當時曾經想找他來臺灣訪問，但在經濟效益評估後沒辦法執行。因為外國作者來臺花費龐大，在與作者溝通上也有所不便，所以外國作者比較難出席如新書發表會、簽書會及記者會等等活動。在行銷策略上，多是以書籍本身的內容及文宣品等為主力。

（二）暢銷與否

作者暢銷與否，此標準多來自作者過去的銷售量。**這樣的分類最直接影響到出版社與作者溝通時是強勢或弱勢，以及決定作者版稅的多寡**。而對行銷策略而言，此分類是最大的影響因素之一。如較知名的作者，行銷資源如文宣品、媒體通告等一定會比較多。一般作者的版稅約10%，但暢銷作者則從15%起算，甚至超過20%以上（孟樊，2007）。

如聯經內部就把作者分為ABC等級，其中A級的暢銷作者如李家同，聯經願意投資更多行銷資源在其身上。除了舉辦新書發表會、北中南區的演講及書店簽書會外，也在《聯合報》上刊登全版廣告。另外還有配合網路預購及電子報發送等活動。出版社也會致力培養暢銷作者，如皇冠在1964年時建立「基本作家制度」，主要是提供作者一個發表空間，作者可以預支稿費、版稅及計畫作品出版，以及出版社會代洽改拍電影等等（葉雅玲，2008）。即作者只要寫稿就會拿到稿費，也不用擔心發表空間的

問題，當時皇冠社長平鑫濤在1976年開始也兼任聯合副刊主編，因此這些作者的稿件大多可在《聯合報》和《皇冠》發表。這些作者幾乎是當時重要且暢銷的作家，包括瓊瑤、司馬中原、朱西甯、高陽及聶華苓等等（莊麗莉，1995）。

（三）長銷與否

長銷作者的書，不一定是暢銷書，但可以長期持續有一定的銷售量。這類的作者以專業人士如大學教授等居多。唐山及秀威的作者多屬於這一類型。出版社與這類作者溝通時，多數以作者為優先。原因是作品內容較專業且具深度，可能超乎編輯的能力所能理解。因此，如秀威與他們溝通內容時，主要只針對書籍的章節架構，以及文字的增刪、錯別字的校訂等部分。出版社負責排版、設計等出版流程，內容及寫作的具體方向以作者為主導。

（四）經典與否

經典作者可以分為過世與在世二個類型。這些作者多是具有極高的知名度且對社會有一定的影響力的人，其作品有一定的數量、暢銷且長銷。過世的經典作者，出版社會主動為他們舉辦逝世周年紀念。如皇冠的張愛玲全集，不管是她逝世1年、5年、10年或13年，每年都有紀念她的活動，如書籍的價格促銷及新書的發行等。在張愛玲逝世10周年，皇冠出版新書《沉香》，內容是首次收錄她生前私人物品的照片，以及未結集出版的散文、電影劇本。又如在張愛玲逝世13周年，也出版了她的《重訪邊城》，內容特別收錄張愛玲生平唯一一次的訪臺遊記及當時最新發現的短篇小說〈鬱金香〉。皇冠還特別為她架設一個專屬網站，鉅細靡遺地介紹她的生平、作品、名句及照片等等。

而經典的在世作者，出版社同樣主動為他們舉辦各式各樣的活動。如2008年正值余光中80歲大壽，各家出版社紛紛重新出版其相關著作，如九歌出版的《藕神》、《余光中跨世紀散文》、《詩歌天保——余光中教授八十壽慶專集》、《舉杯向天笑》及《白玉苦瓜》；爾雅出版的《悅讀余光中：散文卷》；印刻出版的《余光中六十年詩選》等等。

　　又如金庸作品，遠流「從典藏版、平裝版、文庫版、漫畫版到世紀新修版、新修大字版、新修文庫版；從娛樂、學術跨越到政治，一個金庸，N種表述」，金庸提供了遠流多元豐富的行銷舞臺（蘇惠昭，2008）。

　　不管是過世或在世的經典作者，在其周年紀念時，把其作品重新出版或以新書問世等，這樣的行銷活動具有一定市場性。

（五）創作類型

　　有些出版社對待作者是一視同仁，如爾雅是純文學出版社，他們的作者多以創作類型區分，如詩人、散文家及小說家等等。由於是小型的出版社，社長隱地在與作者溝通上，也都親力親為、以誠待之。格林副總經理張玲玲表示：「他與讀者或作者的互動，是一封一封的手寫信。他的作者不管紅不紅，對爾雅的忠誠度都很高。」又如三民書局1966年至1990年的「三民文庫」書系，每一本也是由社長劉漢強親自邀約，其中不乏如張秀亞、彭歌、余光中等等的文學名家（巫維珍，2008）。

　　出版社在與作者溝通時，除了以作者類別外，還會依據內容的不同有所差異。二魚謝秀麗認為，每位作者都很重要，所以他們是按照書的不同內容，選擇不同的行銷方式。如文學類作者的書籍，二魚會跟媒體合作，讓他們刊載新書內容，或舉辦網路徵

文等活動。九歌陳素芳表示：「跟每位作者的溝通就等於跟每個人相處，都有不同的方式。一般來說，不一定是類型的分類，主要是看題材，如這本書內容好不好做，它的題目好不好等等。」

麥田林毓瑜也認為，每位作者的情況不同，與他們的溝通也有所不同，如有些作者會在意他們的書行銷宣傳的狀況：「在出書之前先跟作者溝通好，告訴他們說我們會做什麼東西，如在通路上，誠品或博客來等我們會做了什麼行銷，在媒體部分幫他們敲了什麼通告。行銷方式會因作者對書的期待、自己的喜好和個性不同而有所調整，如有些作者想上廣播，但不想上電視。有些作者就希望通告不要太多，也有作者希望通告要愈多愈好。」

1.2 找好書好難──從出版路線到選書標準

出版路線

一家出版社的出版路線是非常重要的。作家林良指出：「出版業者都必須選擇自己的出版方向，『游牧民族』式的經營，會很快的使自己走向衰微。」（林良，1981）出版路線與出版社經營理念有關。在訪問的出版社中，幾乎都是綜合出版社，只有爾雅最特別，創社至今仍為純文學出版社。

爾雅創立於1975年，當時是文學出版的黃金年代，社長隱地在成立之初，就立定以純文學書籍為出版品，並為此設定了四大出版方向：「詩、散文、小說與文學評論」。爾雅成立至今，一直堅持走最初的路。這樣專精化且深耕的出版路線，奠立了爾雅「臺灣經典文學文本的正宗地位」（吳麗娟，2003）。爾雅沒有跟隨潮流，有自己的出版方向和目標，不管景氣好壞，從1975年成立至今，每年都出版20本書。正如格林張玲玲說：「如有人

要去找琦君的書籍，還是要去爾雅買，因為爾雅才有最完整的系列。」

九歌與爾雅雖然同屬「文學五小」，但其並非純文學出版社。1978年成立的九歌，社長蔡文甫的經營理念是：「為讀者出好書，照顧作家心血結晶。」九歌一開始就有二大書系。一個是出版文學性書籍的「九歌文庫」，另一個是出版生活、家庭等綜合性書籍的「九歌叢書」。其中「九歌文庫」成績亮眼，因此打造了九歌的文學品牌。在1987年，九歌出版社成立關係企業健行文化，主要出版一系列生活、人性的實用性書籍。另一家關係企業天培文化，在1998成立，主要出版環保及翻譯等文學作品，以及適合現代人閱讀口味的輕文學作品（汪淑珍2008）。

在「文學五小」中，大地易手經營，純文學已經關閉，只有爾雅、洪範、九歌繼續經營。在純文學出版經營困難的現今，九歌的多元出版路線，尤其是成立子公司，讓其得以繼續茁壯。出版社成立子公司有四大好處，包括分散風險、有不同的出版策略、分散公司的營業額、擺平人事問題等等（孟樊，2007）。九歌、健行及天培是三條不同的出版路線，在行銷策略上可以擴大市場且運用多樣的行銷手法，吸引更多不同類型的讀者。

但純文學出版社的衰微，對市場也造成有三大影響：

第一，好的文學作品不易被發現。綜合性出版社在經營及各出版路線考量之下，不一定會積極發掘優秀的文學作品，很多優秀的作品容易被埋沒。**第二，新人不易被栽培**。寫作是一條漫長的路，一個作者的養成需要很多時間，雖然文學有一定的市場性，但也有漸漸萎縮的趨勢，因而在文壇新人的培養上更加困難，也容易造成文壇青黃不接的情況。**第三，讀者文化素養下降**。純文學出版社的倒閉或經營困難，反映現今讀者閱讀口味改

變，致使很多出版社為了迎合讀者的口味，出版淺易閱讀的文學作品，造成整體的閱讀水準降低，影響深遠。

其他出版社如二魚、秀威、唐山、高寶、格林、麥田、時報、遠流及聯經等出版社，都是採用綜合型出版路線。但他們不約而同表示，文學書籍皆是他們重要的出版路線之一，聯經陳秋玲指出：「文學書有持續一定的銷量，不管是翻譯或本土書籍，占全球市場銷售的40%，我們不敢忽視文學書的銷售力。」不只是大型出版社對文學市場十分重視，中小型出版社如秀威，語言文學類書占的比例也是最多，約為四成，可見出版社對文學出版市場仍具一定的重視。

書籍分類

出版社在決定出版路線之後，接下來就是對書籍分類。書籍分類除了一般認知按類型分類，如分為文學、社會、商管等外，還可以書系作為分類方式。如上述多數出版社是綜合性出版公司，其中九歌雖然有關係企業作明顯市場區隔，但九歌本身也有自己不同的書系，如「九歌文庫」及「九歌叢書」等。所以在書籍分類上，出版社多以書系劃分。書系指的是「叢書型態的新書出版模式」（洪千惠，2003）。簡單來說，就是每本書都有一個自己的門派、家族。

大型出版社如時報書系約有70、80種，**書系具有易於企畫、讀者群明確、製造品牌知名度、容易辨識、有利促銷及查詢等優點**。像二魚約有12種書系，包括「SWEET」、「人文工程」、「文學花園」、「臺北縣文化局叢書」、「臺北縣觀光旅遊局叢書」、「東華叢書」、「保健系列」、「閃亮人生」、「健康廚房」、「新貧時代」、「親子幼教」及「魔法廚房」等，每個書

系都清楚規畫出版方向及行銷手法，謝秀麗表示：「像食譜線，我們會辦試吃，請記者來嚐看看老師煮的菜，像郭月英的《郭老師養生月子餐》記者會時，我們就請名人來站臺，也邀請一些媽媽來試吃。又像飲食雜誌辦的餐館評鑑，我們就會跟餐廳合作。文學線則會跟媒體合作，可以讓他們刊載；或舉辦網路徵文活動等等。」

又如麥田林毓瑜認為，書系是出版社很重要的考量，如在選書標準及規畫新書上：

「如鄭清文，就會放在臺灣文學作家，所以在想書系的時候，就會選適合作者的書。而書系也會幫助主編及編輯室的主管，清楚知道說今年要出什麼樣的書……做原住民，像《巴卡山傳說與故事》，書系的劃分會幫忙編輯知道原住民書系有幾本書……書系的劃分，就會很清楚，今年的書系要怎麼樣經營。」

但書系也有缺點，如書籍個性難以彰顯；性質相近的書系，容易造成混淆；書系書籍過多，容易變成累贅；有時候因為一本書找不到書系屬性，造成封殺不出等等（孟樊，2007）。如時報由於書系規畫眾多容易使讀者混淆，如「作者系列／（本國）」中，就是以臺灣作者為主的書系企畫，如黃易作品集、張大春作品集及龍應台作品集等等，但另一大類的「文學‧小說／（中文創作）」中的「新人間叢書」書系，也有臺灣作者的創作，如顏艾琳、蔣勳、蘇偉貞等等的作品收錄其中。

讀者如果想從書系中找尋本土作者的作品，除了「新人間叢書」書系外，還要從收有「黃易作品集」、「張大春作品集」及「龍應台作品集」等等書系逐一尋找，十分費時。

又如前述的村上春樹作品，同一位作者的作品，因為內容屬性不同，就分別被收入「藍小說」書系及「村上春樹」書系。如

果有讀者想找村上春樹全部的書，但卻只找「村上春樹」書系，沒有找「新人間」的話，就可能錯過了一些書。

選書標準

每家出版社因規模、經營方式不同，在選書標準上也有所差異。**在選書的過程中，編輯占了很重要的角色，因為他們是審稿、企畫與設計書籍的主要負責人。**如晨星社長陳銘民認為，編輯是行銷創意源頭，行銷活動不能只依賴行銷部，編輯的新觀念也很重要（石德華，2008）。孟樊認為，編輯必須要有一流的文字修養，還要是「學識行家」（孟樊，2007）。

出版社的編輯多數也必須具有企畫行銷能力，在選書時就必須考量到市場的反應及後續的行銷活動。以時報為例，其編輯有三大職責，包括「第一，與國內外相關作者書籍、版權代理商洽談叢書、漫畫之版權等取得工作。第二，公司文宣之製作及書籍封面、內頁之設計工作。第三，公司叢書、漫畫產品之製作編輯與內文之設計工作。」（莫昭平，2006）因此，很多出版社對於編輯要求都非常高，如九歌認為「編輯人需具強大主動力和企畫力，將自身對於文化的關懷與認知，做一種全面的體現。需要廣博的知識和專業的素養，加以獨特眼光和視野，將知識作系統的提供。」（汪淑珍，2008）

在選書的時候，編輯會思考幾個方向，如作品是否有意義、經得起學術評論及有影響力；是否有話題性、可以期待社會的迴響；能否被視為長期、基礎的閱讀；是否新的主題、切入點及發想；作者本身是否有賣點；是否歷時多年的力作或發現珍貴的資料；以及文筆優美與否等等（鷲尾賢也，2005）。

出版社選書主要分為「內容優質」及「市場效益」二大類。內容優質包括作品文字是否夠水準、好不好看、感人與否等等。

但內容優質不一定是銷售保證。市場效益包括作者的知名度、媒體關注度、讀者群多寡及話題性與否等等，即讀者口味決定出版品的方向，**「讀者導向」成為很多出版社出版路線的重點，因為其最能直接影響銷售量**。市場效益高的書，多是一種銷量的保證。市場效益高的書，可以是內容優質的書籍。內容優質的書籍則不一定會有市場效益。然而兩者並沒有衝突，只是在選書決策上，出版社有時必須擇其一。

大部分出版社都是以「內容優質」為選書的首要考量。如爾雅、九歌、唐山、二魚、秀威及遠流等出版社，他們出版書籍的第一要件，就是「內容優質」。爾雅選書標準「主要是以藝術性為主，不分散文、小說或詩的類型，只要約稿或投稿到了這個水準，就可以出版。」九歌則「抱持好的書就是要出版」的理念，在選書標準上，陳素芳認為「文筆好、內容通順」是最重要的，另外「主題不可太過於腥羶」。唐山陳隆昊則認為，文學書籍最重要的是要感動人及好看。二魚首要條件是「一定要好書。」秀威則有三大標準：「第一，不侵犯他人的著作權。第二，獨立創作、研究或論述的著作。第三，內容具有傳播、分享的價值。」遠流周惠玲表示，在選書上有三個方向，包括第一，故事要好看。第二，可以感動人，這牽涉到內容、手法等。第三，具有議題性，如《巧克力戰爭》一書內容是探討青少年同儕壓力的問題。但有些出版社，如時報、高寶、聯經及麥田等，他們在選書標準上，有時比較看重的是「市場效益」。

「市場導向程度愈高，會使出版業的相對經營績效更好。」（李政毅，2002）時報陳俊斌表示，選書的標準在於參與決策的人認為這本書的市場性。高寶在書籍挑選上，認為作者的知名度是重要的考量，因為這與媒體關注及市場性有很大關係，黃淑鳳指

一 把書籍當作產品行銷

出，作者知名度考量就占很重要原因，尤其像是部落格作者的人氣指數，常會是參考的重要指標。」

特別一提，聯經在2002年一改大家對其「學術出版」的印象，出版偶像藝人F4系列的書。從1974年創立以來，聯經出版品多為高水準的人文學術性書籍。「為了維持學術性出版品的水準，聯經特別設立了編輯委員會，敦請各學科著名學者擔任編輯委員，不定期召開委員會議討論各項出版計畫。」（王祿旺，2005）選書標準突然從學術價值擴大至大眾口味，做出如此重大的改變，陳秋玲分析：「因為我們發現市場在變化、讀者的口味也在變化，整個出版社產業都因為社會的脈動在變化，如果不改變，就沒有人要看了。目前聯經學術類書有1/3，另外的2/3以市場考量為主。」林毓瑜也說：「麥田在出版界裡算是老字號，主要以華人創作為主。可是近年來因應市場的需求，選書上也有新嘗試，如網路作者、翻譯小說及生活風格等。在選書標準上，我們基本會先想競爭的最核心是什麼，麥田給人印象是什麼。首先一定是品牌的考慮……其次是書系及市場性的考量。」又如共和國出版集團，他們重視的就是「如何與讀者『打交道』。」（秦汝生，2009）市場效益成為第一重要考量。

至於「內容優質」與「市場效益」如何抉擇，平鑫濤指出，皇冠選書規畫是「出版十本書，當中二本暢銷營收好，三到四本中等，而有二本一定不敷成本，但仍非出不可。」（葉雅玲，2008）林毓瑜以麥田為例，點出其中的矛盾：「麥田在這一、二年時，試圖做一個轉型，但同時又維持一些屬於人文的部分，如一編，除了蔡智恆、敷米漿，也會做影視書，如《我的億萬麵包》，這部分是全新的嘗試。所以，我們既嘗試做市場需要的東西，也維持麥田品牌人文的路線。」

維持出版社經營比較重要，還是堅持出版理念比較重要？從林毓瑜的話看來，麥田出版社選擇的是兩者兼顧。在出版高市場效益書籍的同時，內容優質的書也要想辦法維繫。

從1970年代開始至今，翻譯書成為炙手可熱的書籍類型。 在1970、80年代，由於沒有翻譯版權限制，很多出版社都爭奪翻譯暢銷書，當時選書標準有所謂「準、快、狠」三大要訣，即「選書要選得『準』，選到書了，要買原版書快、譯筆快、印刷快、裝訂快。」（陳希，1981）到了1990年代著作權法修正通過，出版社必須要合法授權，才可以翻釋國外書籍。此時，出版社必須要透過版權代理商爭取國外版權，翻譯書之所以大為盛行，其中一個理由是版權代理商非常積極地推銷國外書籍，原因是版權代理商可從賣方（國外出版社）中獲得版稅10%的利潤（陳俊斌，2002）。

在選書的過程中，版權代理商提供樣書及書目等給各家出版社評估，編輯此時即要作評估及審閱，選書標準也是離不開「內容優質」及「市場效益」兩大點，由於版權代理商力推的書籍，多為國外暢銷書，因此在內容上會有一定品質。再來市場效益上的評估，就要看編輯的市場嗅覺敏銳度，能否選出大眾喜愛的書籍。以文學類翻譯書籍為例，大部分以小說為主，其暢銷內容包括幾個方面：第一，流行性話題，如推理、愛情、奇幻等等；第二，具有特定議題，如探討青少年問題、戰爭問題、人性問題等等；第三，內容感人，如描寫個人經歷、家庭、朋友等等。

版權代理商通常採用書面傳真的方式競標，「一則代理人留著以備公信，二來亦避免出價不認帳的狀況發生。」版權代理商有時也會「公開競價」的方式，決定由那家出版社取得。外國則多以電話方式競標。版權代理公司也必須要保持中立，在書籍翻譯權歸屬未定前，不可洩露書籍或作者的版權狀況（黃珞文，1996）。

但辛苦競標回來的書籍，卻不一定保證書籍大賣，原因是讀者口味很難猜測。書籍上市後，市場反應通常有五個：第一，叫好的書；第二，叫座的書；第三，叫好又叫座的書；第四，既不叫好也不叫座的書；第五，叫壞的書（孟樊，2007）。總言之，**出版社訂立選書標準，只能幫忙出版社選出「叫好或叫座」的書，防止「叫壞」的書出現，「既不叫好也不叫座的書」出現的機率變少；「叫好又叫座」則是要看運氣。**

如很多人認為，出版知名藝人的書籍，一定能大賣。最好的例子是圓神出版知名藝人陶晶瑩《我愛故我在》一書，2009年12月初版，不到三個月，2010年3月已經狂印21刷，2010年7月更舉辦破25萬的慶功會，據媒體報導，陶晶瑩因此獲得破千萬版稅收入。但同樣是人氣紅不讓的藝人阮經天，凱特文化2008年出版他的《ALOHA！正在夏威夷》一書，至2010年7月為止，出版社在臺灣僅賣出1萬本，雖然在大陸有2萬本銷售，但想必仍讓出版社有「人算不如天算」之嘆吧！

1.3 書籍設計很關鍵──把璞玉變璀璨寶石

產品設計對於書籍是很重要的，猶如把不起眼的璞玉變成寶石。如果是原本內容普遍的書籍，經過包裝、設計，就會起了畫龍點睛的化學變化，增強了其吸睛的功力；如果是具有一定實力的書籍，經過整體設計後，更是容易吸引著所有人目光。

在書籍的設計技術上，自從1940年代電腦被發明開始，便漸漸產生了巨大變化。在電腦仍未普及使用前，傳統印刷方式是以鉛排及打字排版為主。「傳統的鉛排，就從撿字開始，撿字人員照著作者的稿紙將一個個銘字撿在小木框裡，遇到艱澀、冷僻

的字眼，則請刻字人員補字。」打字排版即交給打字行排版，印刷效果較差，「沒有鉛字排版的美觀，與文字視覺的效果。」（林載爵、吳興文，1992）如1960年代出版的書，封面顏色很少是彩色，大部分都是訂裝的書，線裝書既貴也不多（鄧維楨，1981）。1982年出版社開始購買個人電腦（應鳳凰、鐘麗慧，1984），出版業正式從傳統印刷走向電子印刷。

進入1990年代，只有少數一、二家出版社還在用鉛字排版，如洪範直到1997年出版《徐志摩散文選》時，因為找不到鉛字印刷工人，才改用電腦打字。社長葉步榮指出，鉛字排版的版面比電腦打字立體得多，因此才遲遲不改用電腦打字（巫維珍，2008）。

但總體而言，此時書籍的封面到內頁都是用銅彩紙，書籍幾乎沒有是用釘裝的，都改為線裝書。在電子技術日新月異後，傳統印刷方式更被桌上排版系統（Desk Top Publishing, DTP）、電腦直接製版技術（Computer to Place, CTP）、多媒體光碟、網路出版（e-Publish）及依需出版（POD）等電子印刷方式取代（王祿旺，2005）。

而印刷技術提升，讓產品設計更為多元化，以下從開本，封面及封底，書名、書背及書背，以及內容形式設計與大家分享。

開本設計

很多書籍以文字為主，加上有閱讀方便等考量，在開本上很少有太高或太寬的設計。而有些領域的書籍因實際的考量，開本都比較大。例如畫冊由於有圖案的清晰等考量，需要比較大的開本；建築書由於圖案比例等考量，需要設計成方形等等。本書將書籍的開本分為較常看到的一般書籍、繪本、口袋書等說明。

▲圖1-1　小25開本（左）與25開本（右）　　▲圖1-2　小25開本書籍適合東方人的「手掌抓握」

（一）一般書籍

　　時代不同，書籍開本設計也有所差異。如1960年代流行的是40開本，1970年代流行32開本，1980年代以後25開本為主（王乾任，2004）。而目前市面上流通的書籍，一般都是以25開本（15×21公分）為主。雖然是25開本是目前最為流行，但出版社為了凸顯自家書籍的特色，也會在開本上作一些變化。遠流周惠玲表示：「在書的開數上，雖然也是25開本，但我們故意讓我們的書比較窄，讓它更具有文學味，也和別家的文學區隔出不同風格來。」

　　唐山陳隆昊表示，25開本是來自於西方的設計概念，但其實「小25開本」的書，才是比較適合東方人的「手掌抓握」。小25開本指的是高度與25開本一樣，但沒有那麼寬的書籍。這是因為東方人，尤其是女性都比較嬌小，小25開本的書籍，女性拿起來是最好閱讀，像皇冠有些系列的書籍，就是小25開本的尺寸。如圖1-1，左邊的是皇冠出版張愛玲的《傾城之戀》，是小25開

▲圖1-3　40開本（左）、32開本（中）及25開本（右）書籍之比較

◀圖1-4
18開本（左）與
25開本（右）之
比較

本的設計；右邊的是唐山出版孟樊的《旅遊寫真——孟樊旅遊詩集》，是標準的25開本書籍。如圖1-2，小25開本的書籍比較瘦長，適合東方人拿起來閱讀。

　　爾雅隱地表示，32開本是最標準的文學書籍版本，另外如40開本也有流行一段時間。如圖1-3，最左邊的是文星書店出版彭歌

的《文壇窗外》是40開本書籍；中間的是爾雅出版白先勇的《臺北人》是32開本書籍；最右邊的是唐山出版孟樊的《旅遊寫真——孟樊旅遊詩集》是25開本書籍。

除了以上的開本外，現在還有流行18開本，即25開本的110%。其比25開本大1/10，尺寸為17×23公分的書籍，如圖1-4，右邊的是25開本的書籍，左邊是時報出版龍應台的《目送》，是18開本的書籍。

（二）繪本

繪本的開本，是書籍中比較特別，而繪本常見於兒童書籍。因為兒童書籍很多插圖，為了圖案比例的考量，所以很多兒童書籍是以四方形為主。另外，優秀的作品常常被改編成圖文創作，這也是目前書籍出版的其中一個特色，例如聯經把李家同的《讓

▼圖1-5　《臺北人》（左）與《遊園驚夢》（右）開本比較

高牆倒下吧》中〈車票〉改編成繪本。又如唐山一向是以出版人文科學書籍為主，但社長陳隆昊表示，未來會提高圖文書出版的比例，原因是：「現在小孩用電腦，看的是圖像；看漫畫時，也是圖像。文字對他們可能太沉重，圖文相對是輕鬆的。……未來也打算跟漫畫家合作，把臺灣一些重要的文學小說，如鍾肇政《魯冰花》等，畫成漫畫跟繪本。」

　　繪本由於內有插圖的關係，尺寸比較大可以做更多特殊的變化及更好的呈現。以格林為例，其繪本有各式各樣的開本，比較常用是21×29公分的開數，其中「名作系列」是把一些經典書籍的篇章摘要出來，重新整理出版，例如把白先勇的《臺北人》中

▲圖1-6
　繪本開本變化多

〈遊園驚夢〉一文獨立成書，如圖1-5，左邊《臺北人》是32開本，即13×19公分；右邊《遊園驚夢》是28×28公分特大開本，內容除了文字外，還加入捷克繪者芳柯瓦的插圖。

另外，由於繪本的讀者以小孩為主，開本設計的多元化，是引起他們好奇的重要行銷方式之一。如圖1-6中格林有出版各式各樣的繪本，左上是《遊園驚夢》，開數是28×28公分；左下是瑪拉賽芮的《找到唯一的她》，開數是11.5×8公分；左下是郝廣才的《星飛過》，開數是15.5×21.5公分；右上是愛美‧羅森黛爾的《OK啦》，開數是23.5×23.5公分；右下是尼克班托克的《黃金交會點》，開數是20×20公分。

（三）口袋書

口袋書具有攜帶方便的特色，受到常在外活動及空間時間較零碎的讀者歡迎。以文學書籍為例，作品中有些內容較為簡短或具娛樂性的書籍，如短篇故事、言情小說等十分適合以口袋書方式呈現。其「短小輕薄」的設計及價格便宜的行銷策略，開拓出一定的市場性。

「口袋書」顧名思義，即是輕薄短小，可以隨身攜帶、放在口袋的書。開數通常是10×14.5公分左右。例如高寶的「龍吟文化」出版一系列用口袋書方式設計的言情小說；又如明日工作室出版一系列奇幻靈異類的口袋小說；一些經典文學名著也會設計成口袋書方式發售。如圖1-7，最左上的是世一文化出版曹雪芹的《紅樓夢》，是10×14.5公分的口袋書；右上的是明日出版柚臻的《鬼索命》是10.5×15公分的口袋書；左下的是高寶出版謝上薰的《千金惹悍夫》，是10×14.5公分的口袋書；最右下的是唐山出版孟樊的《旅遊寫真——孟樊旅遊詩集》是25開本的書籍。

▼圖1-7 口袋書（左上、左下、右上）與25開本（右下）書籍之比較

封面及封底設計

　　秀威宋政坤指出：「一本書的封面很重要，像一個人的容顏，第一印象的好壞從一開始就已經建立。」**書籍設計可以在3秒以內吸引讀者的目光，就有機會讓讀者拿起來翻閱，甚至買回去**。封面設計即為「3秒」最大關鍵，尤其像文學書籍為情感導向的產品，必須讓讀者有購買的衝動。在封面設計上，因此也較其他類型的書籍豐富及活潑。一本書封面設計具吸引力，對銷售大有幫助。

以文學書籍為例，不同時期的封面，有不同的風貌。1940年代末的封面多為沿用抗戰末期木刻版畫的風格，作品的封面多以懷鄉、懷舊等為主，設計上以明顯、整齊，封面以單色為主。1950年代開始呈現不同的特色，當時的手繪封面相當具有特色，以大業書店與明華書局的文學書籍產量最多，他們對於封面設計很重視，都由專人設計（應鳳凰，2008）。1960年代由於印刷技巧的改變，出現很多專業的攝影師拍攝的照片（王行恭，1995）。1970年代封面多數考量整套書風格及陳列問題，講究印刷精美及重視市場導向（應鳳凰，2001）。如1974年創辦的遠景出版社，就是把書籍封面設計由黑白帶入色彩時代的推手。在遠景之前，書的封面設計多半固定沒有創意。遠景首開先例，出版黃春明《鑼》和《莎喲娜啦，再見！》。兩本書的封面都是彩色，加上鮮明搶眼設計，吸引不少讀者的注目，其他出版社也紛紛跟進（隱地，1981）。

1980年代電腦技術漸漸普及，封面設計以彩色為主（王行恭，1995）。如爾雅出版詩人張默在1981年主編的《剪成碧玉葉層層——現代女詩人選集》，如圖1-8。該書的封面獲得新聞局金鼎獎的封面設計獎後，銷售因此有所提升。爾雅隱地分析說：「現在看來，這封面很普遍。但在民國70年代左右，彩色封面不多，當時看來顯得新鮮清醒。得獎以後，確實影響銷路。這一本女詩人詩選集，前後共7刷。」除了封面設計得到肯定外，內容也加入席慕蓉26幅詩人畫像，隱地曾稱它為「最美麗的書」。出版社的封面設計隨著不同時代有

▲圖1-8 《剪成碧玉葉層層——現代女詩人選集》的封面設計

所不同，如九歌的封面在從創立（1978年）至1986年，多為攝影作品；但從1987年後，因為設計封面人員增加，走向變得不同，從此以圖案設計為主題居多（林俊平，1998）。

到了1990年代至今，由於科技的發達及相關人才增多，封面設計更趨向多元及有創意，如可以故事人物或電視、電影主角作為設計。又像作者照片或畫像等設計方式，也常被運用於封面。

（一）故事人物或電視、電影主角

很多書籍如文學作品、名人傳記等，在書籍設計上的特別之一，即是可運用故事人物設計或電視、電影主角作為封面。其中文學作品中的言情小說最常使用故事人物為封面，因為言情小說的主角幾乎是俊男美女，故事內容也符合青少年對愛情的憧憬，尤其青春期少女很容易把自己投射其中，把自己想像成故事的女主角，所以漂亮的人物為封面是可以吸引相關讀者的目光。如圖1-9，左邊是萬盛出版席絹的《雪兒姑娘》；右邊的是耕林出版社出版惜之的《千金惹悍夫》。又如日本很流行的輕小說也是以主角作為書的封面，這些作品的主角除了很多被畫成小說人物

▼圖1-9　言情小說的漂亮封面人物

之外，許多也被拍成動畫，十分受歡迎。如圖1-10，從左至右邊分別是臺灣國際角川書店出版支倉凍砂的《狼與辛香料》及谷川流的《涼宮春日的憂鬱》。

書封面的設計運用電視、電影中的人物，不但在媒體上一定的話題性，也吸引讀者注目，銷量更因此大大提升。如聯經出版托爾金的《魔戒》系列及高寶出版亞瑟‧高登的《藝伎回憶錄》。前者以電影中的4位主角為封面；後者則除了原本的封面設計外，後來又重新出版黑色電影封面版，並以女星章子怡為封面，兩者皆搭配電影上映行銷後，可說是當時炙手可熱的暢銷書。

▼圖1-10　輕小說多以主角為封面

（二）作者照片或畫像

書籍也常常擺放作者照片或畫像。聯經陳秋玲認為，作者的知名度及影響力高的話，放本人照片在封面，對銷售有一定的幫助。封面放作者照片，其實是來自於1980年代希代「紅唇族」作品。「紅唇族」指的是1980年代希代把新人女作者，如吳淡如、林黛嫚等的個人照放在封面中，在當時文壇掀起一陣風潮，稱這

些女作者為「紅唇族」（呂麗容，1996）。現在很多封面設計也
採用這種方式，如麥田出版、暢銷部落格作者敷米漿的《天使
忘了起翔》、《如歌》、《別讓我一個人撐傘》、《開水冰》、
《你轉身、我下樓》及《你那邊、幾點？》等書，就是以作者照
片為封面設計。

　　除了個人照片外，作者個人畫像也成為封面設計的來源。如
爾雅出版隱地的《回頭》，就是以作者的畫像置於封面及封底。
封底也特別刊登隱地獲選傑出校友的照片，如圖1-11。

　　唐山陳隆昊指出，現今臺灣封面設計的問題是「有時也不得
不向商業化的封面習慣靠攏，沒辦法像外國的學術書一般，封面
就是很簡潔的只有書名、作者及出版社而已。這是因為我們的設
計費很貴，不能只有字沒有設計，所以演變成每家出版社書的封
面都爭奇鬥豔。」其實在1970年代之前的書籍，幾乎封面都是只
有書名、作者及出版社，如圖1-3中文星書店在1964年出版彭歌的
《文壇窗外》。

▼圖1-11　　《回頭》的封面及封底

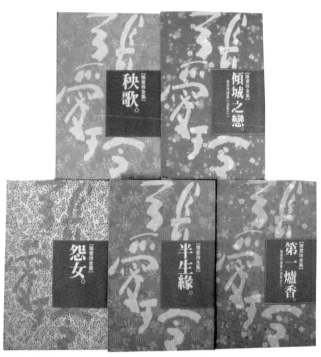

▲圖1-12　張愛玲書籍的封面

▲圖1-13　儒林堂出版《金瓶梅》的封面

為什麼書賣這麼貴？──臺灣出版行銷指南

後來由於印刷技術的發達，封面也愈來愈花俏及華麗，讀者也愈來愈習慣這樣的設計。現今如果找到只有書名、作者及出版社的封面設計，可能只有經典作者的書籍。例如皇冠出版張愛玲的書籍，雖然封面仍有些特殊的設計，但並沒有特殊的行銷文案，其系列的書籍都以同樣的概念設計，只要顏色有所變換而已，封面只強調「張愛玲」三個字，這是因為經典作者本身就是一種銷售保證，如圖1-12。另外，如一些經典名著，封面設計也是相當簡潔的，如圖1-13，儒林堂出版的《金瓶梅》，封面以紅底白字為主，上面文字也相當簡單，只有「中國經典名著／金瓶梅／儒林堂書局印行」三行字。

另外，有些翻譯書籍本身有一定的知名度，也有不同的言語版本，在設計時可能就會參考歐美簡潔的風格。例如遠流出版齊格飛·藍茨的《德語課》，在封面設計上以簡潔風格為主，在誠品書店上市時，封面引起很多讀者的注目，銷售得很好，如圖1-14。

▲圖1-14　《德語課》的各種版本及封面

但這些例子不多，而且幾乎都是幾十年、幾百年的經典作者或名著，才有可能發生。

（三）創意

一本書的封面設計，除了可以使用故事人物或作者照片、畫像外，突顯書的個性及獨特巧思也是很重要。書的內容重點呈現於封面上，是凸顯書的個性一個很好的方式。例如遠流出版卡洛斯‧M‧多明格茲的《紙房子裡的人》，書名與書的內容有密切的關係，封面用書築成的房子為圖案，設計方向也以書籍的內容為主，使讀者對它很有印象，出版社原本預估這本書只能銷售2、3千本，但後來卻銷售了7千多本，是一個很成功的案例。又如時報出版丹布朗的《達文西密碼》，封面設計就是以故事中最關鍵一幅畫——《蒙娜麗莎的微笑》為主，因為這一幅畫是世界名著，更給人強烈的印象，如圖1-15。

在創意部分，如唐山出版楊風的《山上的孩子》，封面運用了唱片包裝的概念設計，相當特別。又如高寶出版馬修‧史坎頓的《隱字書》，封面是用牛皮紙的顏色設計，加上精緻的質感，受到很多讀者的注目，加上內容也很好看，因此成為年度的暢銷書籍。

另外，在封面設計上加入文案設計，是抓住讀者目光的方式之一。但因為封面的空間不多，必須要善用空間，且字體大小都是一門學問。高寶黃淑鳳指出：「很多書封面上的文案很重要，即使是一二句話，是精髓所在。」如《達文西密碼》一書，封面只加上「張大春及詹宏志——兩大讀家，熱烈推薦」標語，由於張大春是著名文學家、詹宏志是名文化人，兩人本身就是品牌，其推薦具一定刺激讀者購買的作用。

而封底的設計上，通常有幾個方向，如放置書的內容摘要、名人推薦、讀者推薦、得獎紀錄或輝煌事蹟、銷售紀錄、內容簡介、精華刊載、詮釋、圖案、作者簡介或照片等等；並且還要按不同的需求及重要性，調整其位置及字體大小。如《達文西密碼》的封底設計，就包括對書籍的註釋：「一本重新定義西方文明史的驚悚小說，一本逆轉你對達文西觀點的推理巨作」；接下來是銷售紀錄：「本書2003年3月上市至今，暢銷1200百萬冊，打破美國小說銷售紀錄……歐美日金球同步熱銷，甫獲BOOK-SENCE評選為全美2003年『年度圖書』」；再來是內容精華刊載：「羅浮宮的館長遭人謀殺……和達文西以來都隱藏著的古老

▲圖1-15　兩本與內容有關的封面設計書籍

秘密能否被解開」;最後則是圖案的呈現。從註釋、銷售紀錄、精華刊載及圖案呈現,介紹相當完整,具有一定推薦的功能。

封面及封底的整體包裝,又可分為平裝、軟精裝及精裝等。在臺灣一般書籍都是以平裝包裝。如果書籍銷售很好或是出版社認定的重點書籍,則會考慮軟精裝本,甚至精裝本出版,有時也會以盒裝包裝。如《目送》就有分為平裝版及盒裝本。如圖1-16及1-17。另外,封面用紙也是一種學問,如平裝本與精裝本就有所不同,平裝本通常用200至250磅厚度的銅西卡紙;精裝本比較講究,需用加上紙板,常用150磅的光面銅版紙、美術紙或充皮紙(出版流通,2002)。如洪範對於書的封面十分講究,其出版社的詩集,是採用特殊的美術紙做封面,原因是版面會比較乾淨,質感也不同於銅版紙,像《向陽詩選》,洪範第一版封面就選了日本紙,加上作者自己刻的木刻版畫,呈現雅致感(巫維珍,2008)。

書名、書背及書腰設計

一個好的書名是可以吸引讀者目光的。書名的產生,有時候是作者自己取名的、有時則是出版社與作者討論出來的結果。貓頭鷹出版社長陳穎青指出,書名為了方便網路搜索,最好比較白話。「書名是所有圖書行銷工具中最長效的工具。它從一本書還未上市到絕版,都會存在。」(陳穎青,2007)

書名的取法顯出幾個特質:

第一,**點出內容的重點**。如《魔戒》、《隱字書》、《達文西密碼》等書名,都是點出故事的重點。

第二,**與書中主角的特質有關**。如《藝伎回憶錄》、《遊園驚夢》等書名,就是點出主角的身分或遭遇。

▲圖1-16　　《目送》平裝本（左）及盒裝本（右）

▲圖1-17　　《目送》盒裝本的書籍、朗誦CD及CD目錄明信片

第三，讓讀者感到好奇。如爾雅出版琦君的《桂花雨》、洪範出版簡媜的《水問》、九歌出版郭強生的《就是捨不得》及經典名著《飄》等書名，就是容易吸引讀者注目的書名。如簡媜的「水問」，到是水為何會問？在問何物？而郭強生「就是捨不得」什麼？這類書名容易挑起讀者的好奇心。又如《桂花雨》是一本散文集，〈桂花雨〉只是其中一篇，作者看到桂花觸景生情，思念小時候在家鄉與親友相處的情景。桂花雨指的是在桂花盛開的季節，秋風一吹，花瓣散落猶如漫天細雨的美景。書名的意境悠遠，引人好奇，內容也真摯動人，讓琦君《桂花雨》成為散文的經典作品。又像經典名著《飄》，據說作者瑪格麗特‧米契爾原來是用《潘絲》為名，後來經過思考或與人討論後，才決定以《飄》為名（孟樊，2007）。

第四，跟隨流行。如暢銷書《達文西密碼》出現後，就有些以「密碼」為命名的書籍，如《高第密碼》等等。

關於書背的設計，其基本要素包括書名、作者及出版社。一本書有吸引人的書背，很容易被讀者發現。如果有書系，則會加上書系的名稱。書背也會較有固定的樣式，如「九歌文庫」的書背，是「在書背上緣有一約5公分高的綠色色塊，綠色色塊底下則為白色的底加上套印顏色的書名。」（林俊平，1998）大部分出版社也會在書背上加上出版社的標誌（LOGO）。但排列的方式，因各家出版社有所不同，如爾雅的書籍，作者名字是放在書名之上。

書背最能反映出版社的整體風格，每家出版社在設計上，會加入自己的特色。如遠流的「文學館」中，會特別強調作者，所以在每本書籍的書背上，都會有一雙作者的眼睛及容顏，以凸顯作者的存在及他在與讀者訴說故事。又如時報的文學小說，很

多會在書背上加入封面的照片。高寶黃淑鳳認為，書背除了給人一種專業一致性的感覺外，還要「讓讀者能有深刻且易辨識的印象，增加選書的機會。」

至於在書腰部分，書腰的寬度約6公分至10公分都有。書腰是指，另裹在書籍外面中下方的宣傳短文。書腰的面積不大，因此「上面的文句簡短為宜，必須簡潔易懂，強而有力、一語中的。」（鷲尾賢也，2005）麥田林毓瑜認為：「一本書有得獎或有些特別事蹟，就會考慮做書腰。針對特別需要行銷的文案，但又覺得不太適合放在封面上，書腰就是很好的方式。」

▲圖1-18　書背各有特色

書腰內容的有幾個方向：

1. 名人推薦。
2. 讀者推薦；尤其像翻譯書籍很多都有讀者推薦。
3. 得獎紀錄或輝煌事蹟。
4. 特別活動的宣傳；例如抽獎活動及配合電影上映宣傳等。
5. 銷量紀錄。
6. 內容摘要、特色及圖案等。
7. 作者介紹；包括個人特色及照片等。
8. 新瓶舊酒；例如再版書的出版，可能封面改版，但內容不變，就會在書腰上多作介紹等等。

　　以《紙房子裡的人》的書腰為例，內容就包括對作者及特色的介紹：「波赫士繼承人、拉美文學明日巨星的得獎傑作」，以此為書腰主標題。然後是內容的摘要：「他用一本又一本書，在大西洋的沙洲上築起一間紙房子，將自己困在其中……」接下來是名人推薦：「季季／南方朔／鄭栗兒／傅月庵／黃麗群」，最後就是讀者推薦：「二十國讀者魔戀推薦」，而且在書腰的中間及背面上，還印上與書籍相同的文字及定價。如圖1-19。

　　此外，除了書腰會有特別的文案外，有些書因為得到大獎或做了特價活動，另外會有貼紙在封面上。如圖1-15的《紙房子的

▲圖1-19　《紙房子裡的人》的書腰設計

為什麼書賣這麼貴？——臺灣出版行銷指南

人》一書，就有在封面的右上角就用金色貼紙貼上「2006年度最佳少年兒童讀物獎／好書大家讀／臺北市立圖書館 聯合報 國語日報／幼獅少年 中華民國兒童文學學會／聯合推薦」的字樣。又如書籍在特價活動時也會用貼紙標示，如圖1-7的《紅樓夢》一書，在封面右下角也有貼上「好書特惠價69元」的標籤。書腰設計得宜，絕對會為書籍加分不少，在日本更有「書腰大獎」比賽，評比書腰的精緻度。

內容形式設計

在書籍的內容形式上，最重要注意的是「版型規畫」。「版型規畫」包括版面設計、字體大小、字間、行長、行間、標題、照片、圖片等等設計。貓頭鷹出版社長陳穎青認為，「版型規畫」以易讀性為最重要，如常用明體字的原因是易讀性最高。他也舉例一些需要注意的細節，包括字間不要太緊；行間要夠寬，行長別太長；內文最好設定齊頭尾；版心應該跟邊界維持適當距離；避頭點會阻斷閱讀的順暢；以及別用會反光的紙等等（陳穎青，2007）。

中文書籍比較特別的是，有直排跟橫排，左翻右翻之分。其中很多非文學書籍採用橫排，文學書籍較多採用直排，直排的優點在於較方便閱讀。中英文書籍在編排上也有不同，如中文文學類書籍適合直排，英文書籍則要用橫排。陳穎青舉例中英文的排版的差異，中文是方塊字，字高與字寬都是固定的。英文字則有分上升部位（如b i t）、下沉部位（p y g），以及本體部位（如e m x）。而即使字級一樣，視覺上英文字看起來就是比較小。而英文字行間看起來比中文字寬等。「排版上要注意的事，包括每行字數以20至

45字較為適合；字體大小以15級及18級較為恰當；通常會使用明體字，因為較為端正樸實等等」（黃大維，2003）。

唐山陳隆昊指出，「其實書的製作已經上千年，有悠久的文化。自從西化以後，我們就不再做線裝書，而是遵循西方的做書方法。因為日本比我們更早西化，所以把線裝書改成現代書的樣子，我們有很多的規格都是跟隨日本。西方的書有自己固定的格式，如精裝書一定會有蝴蝶頁、soft page、書名頁及版權頁。其中書名頁中有書名、作者及出版社，這是標準的規格。書名頁後面一定是版權頁。但因為日本都把版權頁放在最後面，所以我們的書也跟著放在最後面。但近幾年來，出版社開始有了改變，也開始放在前面，這代表想與世界有所接軌。」

在標準之外，就可以做各式各樣的變化，如西方精裝書才有蝴蝶頁，平裝是沒有的。但在臺灣，平裝書幾乎都有蝴蝶頁。唐山出版社就做了一些變化，如蝴蝶頁只加一張，沒有「成雙成對」。

好的版型規畫有三大功能：第一，讓讀者讀起來舒暢；第二，吸引讀者視線；第三，拉近作者與讀者的距離。「版型規畫」有時也可以打破常規，讓人耳目一新。如2008年金鼎獎一般圖書類個人獎「最佳主編獎」得主是印刻出版社賴香吟主編的《邱妙津日記》。內容編排相當特別，一般中文小說都是直排右翻，如圖1-20右邊的書籍，原因是便於閱讀。但此書（圖1-20左邊的書籍）卻以直排下翻為設計，呈現出特殊視覺效果，在翻閱的時候，讓讀者感到十分特別，彷如閱讀真實書寫日記之感。此書也使用不同字體的搭配，透視作者內心的想法，拉近與讀者的距離；同時，也加入有特殊意義的插圖，讓整本書展現特別的氛圍。

▲圖1-20　　《邱妙津日記》（左）與一般書籍（右）內容編排之比較

▼圖1-21　　《黃金交會點》的內容以一封又一封獨立的信件呈現

一　把書籍當作產品行銷

版型規畫雖然有一定標準，但各家出版社為了作出識別度，在設計上都有所差異。例如在整體風格上，唐山的書籍以簡潔為主，但在形式上會盡量活潑化。另外，內頁的用紙會視書籍不同有所差別，圖書用紙就有分為畫刊紙、銅版紙、聖經紙、道林紙、模造紙、印書紙、輕量塗佈紙、雜誌紙及新聞紙等等。其中印書紙為書刊常用紙（張豐吉，2006）。不同的紙顯現出來的質感不同，編輯有時會根據書籍內容選紙，以貼近作者之想法，拉近與讀者的距離。

而繪本可以做的變化就更多。如《黃金交會點》中，幾乎每個章節都是以一封又一封獨立的信件方式呈現。每一封信都有屬於自己的信封，相當有質感及創意。如圖1-21。

近年來愈來愈多書籍會加入插圖。以旅行文學的書籍為例，早期的旅行文學作品，多為純文字的作品，很少美編的設計。但在1997年，新新聞出版黃威融的《旅行就是一種SHOPPING》，卻打破藩籬，圖文並茂的編輯方式，讓旅行文學的書籍成為另一種視覺化的享受。「圖文書所帶來的是一種感性的消費模式。」（孟樊，1999）九歌陳素芳也指出：「文字為主的書，有些讀者會覺得讀起來很辛苦，所以要搭配很多圖片，或是特別的版面設計。」最常加入插圖的是兒童書籍，另外也愈來愈多文學作品會有插圖，如時報出版龍應台的《目送》等。

書籍最重要的是能以「秒殺」速度（即3秒以內），吸引讀者從書店平臺或陳列架上拿下來翻閱，這才算是踏上成功的第一步。因此，特別注重包裝設計，有些包裝別緻的書籍，甚至成為讀者收藏的目標，或包裝成禮物送給別人。除了包裝外，「作者是誰？」也是一大原因。而「出版社是哪一家？」則是更次要的考量。

讀者對出版社並不一定具有忠誠度，但在某一領域有一定時間耕耘的出版社，會是讀者想要了解新書及新領域時的帶領者，如想看純文學書籍的讀者，很多人可能會先找爾雅出版社的書目；喜愛推理小說書籍的讀者，可能會知道獨步出版社等等。但帶領者是否可以讓讀者產生購買的慾望，則要看書籍的內容是否符合讀者的口味；或是書籍是否具有實力，可以讓讀者愛不釋手。

一秒就懂
為什麼書賣這麼貴

書籍出版可基本分為二種：實用性與情感性。在書籍（產品）設計上必須讓讀者有購買的動力。而作者是書籍成敗的關鍵，出版社在作者的選擇上，以主動邀稿居多。主動邀稿的出版社具幾大特色：第一，大型出版社以邀稿居多，如高寶及時報等。第二，出版社的經營方針不同，稿件來源也有所差異。第三，地理位置及規模的影響。第四，時代變遷的差異。而出版社主動邀稿的作者，具有四大特色：第一，作者知名度高。第二，配合時事。第三，作者口碑佳。第四，作者擁有一定讀者。而作者可以國籍、暢銷與否、長銷與否、經典與否及創作類型分類；不同類型的作者，出版社與其溝通方式也不同。

一家出版社的出版路線決定其產品方向，在出版路線決定後，接下來就是書籍的分類。書籍分類除了按類型分類外，還可以書系分類。而出版社在選書過程中，編輯占了很重要的角色，負責審稿、企畫與設計書籍等重要工作。選書標準主要分為「內容優質」及「市場效益」二大類，「市場效益」即「讀者導向」，由於其最能影響銷售量，成為很多出版社的重要考量之一。但即使有選書標準，也不保證書籍會大賣，原因是讀者口味很難猜測。

書籍的形式設計是產品策略重要的一環。電子印刷取代傳統印刷方式，讓產品設計更為多元化，包括：

第一，開本設計。時代不同流行的開本也不同。書籍大部分以文字為主，加上有閱讀方便等考量，在開本上很少有太高或太寬的設計。目前主要流行25開本，另外還有小25開本及18開本等等，兒童書籍因為有加入插圖，所以有些是以四方形的書型為主。繪本的讀者以小孩為主，開本設計的多元化，是引起他們好奇的重要行銷方式之一。繪本比較常用的是21×29公分開本。作品中有些內容較為簡短或具娛樂性的書籍，如短篇故事、言情小說等十分適合以口袋書方式呈現。口袋書的開數也相當特別，約為10×14.5公分。另外，優秀的作品被改編成圖文創作，是目前出版的特色之一。

第二，封面及封底設計。書籍封面設計可以在3秒以內吸引讀者的目光，就有機會讓讀者拿起來翻閱，甚至買回去。不同時期書籍的封面有不同的風貌。把故事人物或電視、電影的主角的照片、畫像放在封面上，是書籍的設計最具特色之一。而作者的知名度及影響力高的話，放本人照片或畫像在封面，對銷售有一定的幫助。另外創意也很重要，如凸顯書的個性及獨特巧思等。由於印刷技術的發達，封面也愈來愈花俏，現今要找到只有書名、作者及出版社的封面設計，可能就只有經典作品或作者的書籍。在封面設計上加入文案設計，也是抓住讀者目光的方式之一。另外，封底的設計也具有一些特色，如放置書的內容摘要、名人推薦、讀者推薦、得獎紀錄或輝煌事蹟、銷售紀錄、內容簡介、精華刊載、詮釋、圖案、作者簡介或照片等等。在臺灣一般書籍都是以平裝包裝。而封面用紙也是一種學問，像平裝本通常是用銅西卡紙；精裝本比較講究常用光面銅版紙、美術紙或充皮紙等等。

第三，書名、書背及書腰設計。一個好的書名，可以吸引讀者的目光。書名的取法幾大特質：一，點出內容的重點；二，與書中主角的特質有關；三，讓讀者感到好奇及四，跟隨流行等。書背的設計，基本要素包括書名、作者及出版社。有些也會加上書系及出版社標誌。書背是最能反映出版社的整體風格，每家出版社在設計上，會加入自己的特色。書腰也有幾大特色：一是名人推薦；二是讀者推薦；三是得獎紀錄或輝煌事蹟；四是特別活動的宣傳；五是銷量紀錄；六是內容摘要、特色、圖案；七是作者介紹。以及八是新瓶舊酒。

第四，內容形式設計。在書籍的內容形式上，最重要注意的是「版型規畫」。「版型規畫」包括版面設計、字體大小、字間、行長、行間、標題、照片、圖片等等設計。而中文書比較特別的是有直寫跟橫寫，以及左翻右翻之分。中英文書籍在編排上也有不同。好的版型規畫，有三大功能：一，讓讀者讀起來舒暢；二，吸引讀者視線；三，拉近作者與讀者的距離。版型規畫有時也可以打破常規，也可以讓人耳目一新。另外，內頁用紙也相當講究，像圖書用紙最常用的是印書紙。不同的紙顯現出來的質感不同，編輯有時會根據書籍內容選紙，以貼近作者之想法，拉近與讀者的距離。近年來愈來愈多書籍會加入插圖，如旅行文學及兒童書籍等。

為什麼書賣這麼貴

2 價格，決定勝負

Q：哪一類書籍定價較低？

在書籍當中，以文學書籍的定價較便宜。到底是什麼原因造成文學書籍價格較為便宜？1985年一份與購買行為有關的研究指出，文學類書籍的消費者多為女性，年齡約在19歲至55歲，屬於消費能力不高的族群。所以在購買時，主要會考慮定價是否合理。因此，文學書籍不宜定價太高（楊乾輝，1985）。在2004年另一份相關的研究也指出，文學類暢銷書購買者女性高於男性，年齡約在15歲至24歲，消費族群以收入1萬元以下的學生居多，一年平均購買暢銷書約3至5本，金額是1000元以內（黃靖真，2004）。以上兩份研究，雖然相差快十年，但研究結果都顯示文學出版的消費者以女性為主，15歲至24歲左右消費者比較多，而且均為消費能力不高族群。爾雅隱地也指出，文學書籍的「讀者對象多半是學生、孩子，所以會比一般書籍便宜一些。」由於定價是消費者最關心的項目之一，因此在策略運用上，文學書籍定價要比較低，才符合消費者期望及消費能力。

Q：若成本提高怎麼辦？

以文學書籍為例，即使成本提高，如加入插圖，定價也不會提升，主要原因也是若價格太高，消費者不會購買。因此，文

學書籍只能以量取勝，把成本盡量壓低。另外，文學書籍並不是專業或實用性的書籍，替代性高，讀者並沒有實質需求的購買動力，也是文學書籍定價不高的原因。遠流周惠玲指出：「它是一種情緒性的購買，是感性的商品。文學書雖然會從精神層面改變你的生活，可是讀者不太容易因為買了它，而多賺一點錢。」另外，時報前人文科學線主編陳俊斌也指出：「相對於市場比較小的社會科學書籍，文學書會訂得比較便宜，因為它訴求的是比較大的讀者群。」

2.1 書籍的定價秘密──計價方式

Q：書籍如何定價？

以行銷學觀點來看，主要可以分為成本導向定價法、需求導向定價法和競爭導向定價法。成本導向定價法是先計算成本再定價的方式；需求導向定價法是指不以成本作考量，讀者的需求狀況才是定價優先考量條件；競爭導向定價法則是以競爭者的定價狀況，來考量自身定價（王祿旺，2005）。

以文學書籍為例，其主要是以需求導向定價法為優先考量，其次才是成本導向定價法，原因是讀者沒辦法接受定價太高的文學書籍。這就是翻譯小說雖然多為500、600頁以上的長篇巨著，但在定價上仍要維持在400元以內的原因，市場的接受度成為最主要考量。

在「需求導向」的前提下，出版社為了不虧損，因此，在編輯書籍時，必須要盡量壓低成本，例如時報出版丹・布朗的《達文西密碼》，即打破正常25開本的書籍，一頁14行至16行字的慣例，在《達文西密碼》中一頁約有20行字之多，因為這樣才可以

把原本約520頁的書籍，縮減到450頁，定價因此也可以壓低到350元（陳穎青，2007）。

Q：書籍的定價一直沒變嗎？

在1950年代，一本書100、200頁的書定價約7、8元，如1951年光華印書公司出版明秋水的《駱駝詩集》，每冊售價是7元。1960年代，一本訂裝書約15元，線裝書約45元，以當時而言，45元是很貴的價格（鄧維楨，1981）。在1970年代，尤其是1974年第一次世界能源暴漲，書價在當時也驟然升到40元一本。後來成本不斷提升，定價約為70元左右（隱地，1994）。1980年代，書籍定價已經超過100元。1990年代以後，一本書至少也要150元以上，200、300元的書籍到處可見。每個年代的價格會受到當時物價影響，書價看起來雖然愈來愈昂貴，但仍要比較當時的物價進行換算。隱地在1979年寫的〈一個出版工作者的沉思〉一文中，對書價有一段描寫：「我們的書價一直很便宜，200頁左右的書，從7、8元一本，到後來的10幾元一本，然後是25元，等到民國63年第一次世界能源暴漲，書價也就驟然升到40元一本。這樣穩定了5、6年，現在由於油價再度調整，書價也在節節上升，40元一本的書少見了，代之而來的是每本五55元、65元，甚至70、80元，眼看著一張百元大鈔只能買一本書的時代就要來臨了」（隱地，1994）。

Q：書籍的定價如何計算？

書籍成本計算的方法，最常是以頁計算。但以文學書籍為例，其定價偏低，例如300多頁的書，書價可能只有200多元，以此推算，一頁可能在0.8元左右。但如理工科系領域比較實用類的

書籍，一本300元的書籍，可能會賣到600元左右，即一頁2元左右計算。另外，如心靈勵志書的書籍，定價也接近1元，甚至更高一點。專業型的書籍定價有時也可以達1元至3元。例如書籍的印刷有分黑白與彩色，彩色書有時候一頁就會到3元。

每家公司的定價方式都不同，如秀威一頁黑白色25開本的紙，定價1元至1.2元。聯經主要以1元定價為多。遠流的王品認為：「文學類的書，它說的都是故事及感動，實用性不高，替代性較高，價格就成為購買的重要的因素，它的價格可能就在一頁0.7、0.8塊之間。」因此，**一般書籍每頁的價格從0.8元至3元左右都有**。由於書籍的定價方式，各出版公司的計算各有不同，以至於有所差異。而上述的計算方式會因為成本、印刷量等等考量也會有所差異。

成本

成本是指公司為產品的定價所設的下限（Philip Kotler，2007）。時報陳俊斌指出：「要為一本書定價，先要算出它的成本。」而書籍的成本包括版稅（或稿費）、權利金、翻譯費、編輯、校對、設計，以及紙張、油墨、碳粉、裝訂、運輸、排版、印刷、廣告、行銷、人事、租金、水電、倉儲等費用均包含其中。但因為書籍的性質有所不同，成本內容也會有所差異。如本土作者的創作，不用付國外權利金及翻譯等費用，因此很多本土創作都會比翻譯書籍來得便宜。

成本的計算方式，各家出版社都有所不同。二魚有成本估預表，計算固定費用，如印前成本、印後成本、宣傳費等等。社長謝秀麗指出：「如果毛利率沒有在40%以上，是不能出版的。因為在成本中，還沒有算進通路等費用……平損的本數，黑白本約

2000本上下，彩色是3000本左右」。有些出版社會有固定費用，即為人事、編輯、租金、水電、倉儲等等費用。時報陳俊斌表示：「這是公司去跟每個編輯部門算的，編輯部門控制不來這一條。可是公司不會一本書一本書算，可能會一個月算你整個營業額的多少比例，而不是單書去算的。所以，主要還是考慮製作成本跟版稅，製作成本是最重要的。」

書籍的定價不能太高，因此成本也要盡量的壓低。但書市競爭激烈，在書的品質上仍需要維持一定的水準，此時只好壓低成本，包括編輯的薪資、打字排版及製版費用等等，甚至也不敢向作者要求字數必須要多（孟樊，2007）。

版稅

版稅是包含在成本中重要的一環，也是出版社最大的開銷之一。版稅是指「出版者向著作權所有人依據雙方簽定的出版合同所支付的一種經濟報酬，這項報酬相當於著作權所有人同意出版者出版該著作的著作權使用費。」（孟樊，2007）版稅最常指的是作者的收入，一本書籍發行後，作者的收入為「定價×銷量×版稅率」（鷲尾賢也，2005）。通常是依每月銷售計算，以半年或一年結算後實付（蘇拾平，2004）。但也有些出版社會先付版稅，如三民書局社長劉振強對作者即「先奉稿酬」，其作法是在簽約之時，先付清部分稿酬，讓作者慢慢寫稿。如「1980年劉振強邀請政大新聞所學者編輯『新聞學叢書』書系，當作者同意簽約，即付稿費10萬元，完稿後一字1元計算，在當時可說是相當優厚的做法。」（巫維珍，2008）

以本土作家而言，一般作者約在10%左右，暢銷作者最少都有15%以上。時報陳俊斌指出：「中文創作的版稅，臺灣一般的

行情都在8%至20%之間，有可能更高的，有可能更低，以作者的等級去分。」聯經陳秋玲表示，如吳淡如、吳若權等暢銷作者，版稅都很高，最少都有20%以上。而「近年來臺灣也跟隨歐美等國採取累進稅率的作法，即版次愈多（表示銷量愈大）版稅率愈高，版稅率乃從10%跟著跳，如5000冊以後可從10%提升至12%甚至15%（或到1萬冊以上再增至15%）。」（孟樊，2007）陳秋玲指出，如李家同的書籍即採此階梯方式，他的版稅是從10%、12%到15%。如賣5000本書以下是10%，5000本書以上是12%，1萬本以上則為15%到底。比較特別的是，言情小說作者一般是採用買斷版稅方式，一本書4萬至10萬不等，一般約5萬左右（王乾任，2004）。近年來經濟不景氣，言情小說的版稅更低於5萬。版稅除了給文字作者，如果配有插圖，畫家也可以拿到版稅。格林張玲玲表示「文字、圖畫的版稅各約10%，買版權約6%。文字若是公版，即作者已死的話，畫家的版稅約6%。」

除本土作家外，國外作家的版稅也有自己一套法則。陳雨航指出，翻譯圖書的版稅一般來說，5000冊以下約6%；5001冊至1萬冊約7%；1萬冊以上約8%。翻譯圖書在簽約之後，先要支付3000、4000冊的預付版稅，約1500美元（陳俊斌，2002）。而翻譯書除了預付版稅外，還要支付一筆翻譯費。高寶黃淑鳳認為一本書的成本其實從談版權開始，就啟動計價流程，一般版權金各國計價幣別不同，但也因為大多是透過代理商洽談版權，因此容易有炒作哄抬的情況產生。國際間出版交易方式，比較特別的是「雙方在簽定出版合同後，出版者在一個月內要支付授權者一筆預付金（Advance），預付金從1200美元起至2000、2500美元不等（臺灣付款行清），一般為1500美元，暢銷書有時因競爭激烈還飆到1萬元。」（孟樊，2007）

翻譯書除了必須要付版稅、預付金（即俗稱權利金）外，還要支出翻譯費。遠流周惠玲表示翻譯費每千字600元到1000元都有，文學書也會按照語種分類，如翻譯很少人懂的語文，那當然就貴一點。英文的話，會比較便宜；日、法文同一個等級；西班牙、俄文則800元起價，至1000元都有。

唐山陳隆昊就指出，**翻譯書並不是出版社想出版就可以出版**：「在商業的企畫下，資本一定要夠雄厚。很多時候，我們都競爭不過它們。一本翻譯書，如果預付版稅要50萬，我們沒有那麼多錢，怎麼跟大出版社競爭。很多人看到翻譯書好賣，就一窩蜂去搶版權，版稅也愈來愈高。」如志文出版社，從1967年開始出版翻譯書的書系「新潮文庫」，獲得相當大的迴響。但直至1992年的著作權法修正通過後，由於無力與其他資金雄厚的出版社競爭翻譯書，因此也只能以出版公版書為主（高永謀，2008）。陳隆昊也點出，目前翻譯書銷售長紅的原因：「很多翻譯的書，已經是《紐約時報》暢銷書排行榜，都已經經得起西方文藝市場的考驗，而我們又那麼跟西方的腳步走，這樣的書註定就一定會有市場性。」加上國外出版社給版權代理商書籍版稅10%，十分優渥，讓版權代理商積極在全球經營翻譯書市場，其行銷策略十分完整且奏效。這也是為什麼翻譯書籍的版權雖然很貴，但各大出版社也競爭很激烈的原因。以時報出版的《達文西密碼》為例，就有80萬冊的銷售（蘇惠昭，2009），銷售成績相當好。

成本率

成本率指的是「成本占定價的百分比」，如上述，因各家估算方式與內容有所差異，成本率也不同。如表2-1所示。

表2-1　成本率

出版社	成本率	受訪者	受訪者說明
二魚	20%-40%	謝秀麗	書籍印3000本或5000本，成本就不一樣了。3000本的話，成本可能占書價2成。如果首刷就印1萬本，成本可能只占1成，所以印愈多愈便宜。
九歌	30%-40%	陳素芳	成本多少很難說，至少會占一本書的3成到4成左右。成本包括直接成本、間接成本等。
秀威	30%-40%	宋政坤	任何書的材料成本，加上印製成本、版稅等等，大約占定價的3至4成左右。
時報	30%以內	陳俊斌	這是第一版第一刷……製作成本控制在3成以內，成本愈少就賺愈多。
聯經	40%左右	陳秋玲	如定價是100元，成本就是40元。
爾雅	40%-45%	隱地	新書成本大約4成或4成5。
遠流	25%-35%	王品	每家出版社控制成本的方式都不同，成本從25%至35%都有。

　　從表2-1可以看出，**各家的成本率並沒有一定的標準。一般而言，成本率約為一本書的30%至40%左右**，但也會因書籍的製作成本及印刷量有所不同。例如一本彩色的書，成本會比黑白的書來得高。又如暢銷翻譯書會比本土創作成本高，因為多出了權利金及翻譯費。而決定成本率的最大關鍵是印刷量。

印刷量

　　印刷量決策是非常重要的，它不只影響成本、定價及行銷費用，如果印刷量掌握不好，更會造成嚴重的退書問題。印刷量多

寡率動成本結構、定價及廣告宣傳費用投入額度的計算（周浩正，管仁健，2006）。以翻譯書而言，拿到版權之後，在簽訂的合同上會註明需要印刷多少冊，出版社需要先給授權者這批書的預付金，如果一開始決定要賣5000冊，出版社後來可能只印刷3000冊，但還是要付授權者5000冊的金額。因此，一開始印刷量的評估很重要。

以翻譯書為例，印刷量可以依據幾個方面思考：**第一，外國書市的反應**。版權代理商推薦的書籍，大部分都已經是外國書市的暢銷書，因此，外國的銷售量及市場反應，可以作為重要的參考。**第二，相關經驗**。出版社可以依據過去出版翻譯書籍的經驗，評估新書的印刷量，雖然每本書內容都不太一樣，不過還是可以作出大約數字的評估。**第三，作者**。從作者本身是否暢銷作為考量的依據；如果出版社之前有出版作者的相關書籍，那之前的銷售量就可以作為重要的依據。又或許是作者是暢銷作者，在銷售上就可以大膽預估。例如《哈利波特》系列，從第一集開始在外國書市已銷售非常好，具有銷售保證。因此皇冠在印刷量上的評估，也相當的大膽。一般書籍首刷發行量約為2000、3000冊，可是2007年皇冠出版J.K.羅琳的《哈利波特（7）：死神的聖物》，卻創下70萬冊的首刷量（陳信元，2008）。但這樣的例子多為非常暢銷翻譯書籍，一般華文書籍的印刷量不太可能這麼高。

在非翻譯書的書籍方面，由於沒有預付金問題及具有本土市場優勢，在評估上相對容易。這裡指的市場優勢是出版社較了解臺灣的書市，不管是作者知名度、作品內容及讀者的反應等等，都可以更精準掌握。因此，可以從作者暢銷及作品流行與否等方面評估印刷量。如果是暢銷作者，在印量上則可以大膽評估，一般書籍第一刷約2000、3000冊，暢銷書的話，首刷7000冊至1萬冊以上都可以考慮，視乎暢銷程度，這可以從過去銷售量及作者的知名度作比對。另外，作品內容流行與否也為重要的參考指標，

為什麼書賣這麼貴？──臺灣出版行銷指南

如果剛好搭配流行時事，如電視劇及電影等上映，印刷量就可以考慮提升。例如爾雅出版王鼎鈞的《開放的人生》，此書在出版前已在報章專欄連載，極受歡迎。此書在上市之前預約已高達4000冊（隱地，2007），因此在印刷量上可以作更大的預估。

印刷量最後定案者一般是由發行人、總經理，或總編輯作出決策（林載爵、吳興文，1992）。以時報為例，在書籍的定價上，是由編輯部、業務部及總經理一起決定的，最後的核定是總經理。每一本書都是由這三方面來定價、提供意見及參與決策。其中業務部的對市場的分析，更是影響印刷量的多寡重要原因（周浩正，管仁健，2006）。

格林張玲玲表示：「一本書的成本多少要看印刷量決定。印愈多，成本就愈低。」時報陳俊斌指出：「計算流程是先算出成本占第一版第一刷的多少百分比。算出總製作成本需要的費用，然後抓一個你希望的成本率。」綜上所述，可以得出一本書的計價方式。

書籍成本及定價的基本算式如下：

成本＝總製作成本÷印刷量
定價＝書籍成本÷成本率
以上的公式，以實際的例子計算：

◎ 假設書籍總製作成本＝35萬元，印刷量＝5千本，每本書籍成本為多少元？
∴ 每本書籍成本＝35萬元 ÷ 5千本＝70元。

◎ 接上題，每本書籍成本若為70元，成本率希望維持在25%，每本書籍定價為多少？
∴ 25%＝1/4，所以成本希望占每本書籍的1/4。

◎ 假設X元為定價，則：X元 × 1/4＝70元
∴ X＝280元，因此每本書籍的定價為280元。

上述算式，並不包含出版社給通路的折扣等費用，此公式主要以簡單的概念，具體呈現計算方式。從中可發現印刷量是可以左右每本書成本及定價的關鍵。二魚謝秀麗表示：「一本書首刷印3000本跟印1萬本，翻譯費都是一樣的，可是除以1萬跟除以3000那就差很多倍。」書籍的印刷量不同，成本率也有所不同，如印3000本，成本率可能約定價40％；可是，印1萬本，成本率可能只占定價20％。雖然有公式可以計算，但書籍在定價考量上，仍會儘量壓低。

謝秀麗指出：「有些書的成本可能高達300多元，可是因為它是套書，所以我們可以除以它的數量，如有5本，就除以5，這樣一本成本約60多元，可是定價可能只可以定200元，不然會沒有人買。」高寶黃淑鳳表示：「以盡量壓低成本的方式，才可以在價格上，獲得優勢得到讀者的青睞。」在成本製作上，第一刷的成本都是比較高的，如果銷量好，之後第二、三刷，成本就會降低很多，如翻譯書不用再付權利金，只需要付版稅。排版及編輯等費用，都不用計算在內。謝秀麗表示：「通常首刷的3000本都不可能賺錢。因為像人事成本，如預付的版稅、文編、美編、攝影費、撰稿費、翻譯費等等，都還沒算進去。」九歌陳素芳指出：「一本書至少要賣到200本左右，才會回直接成本。」

2.2 書籍的獲利模式——定價策略

定價策略有分為市場榨取法與市場滲透法，市場榨取法指的是「許多公司在推出創新產品之初都訂定高價格，先從該市場榨取相當的收入。」但隨著產品推出愈久，價格會漸漸下降。而市場滲透法是指「一開始就以低價迅速且深入地滲透市場——很快地吸引大量的購買者並贏得較大的市場占有率。」（Philip

Kotler，2007）大部分書籍在定價策略上是屬於市場滲透法，新書上市先以低價折扣吸引讀者購買，再慢慢調整價格。在定價策略上，最重要的考慮是書籍的獲利能力，這關乎到書籍的印刷量及定價方式。另外，折扣是定價上的關鍵；而低價促銷則是出版公司經常使用的行銷手法。

獲利能力

一本書的「獲利能力」，很多時間決定了它的印刷量及定價。書籍「獲利能力」的標準，主要是從過去相關銷售經驗獲得。如從過去的銷售經驗，可以知道只要作者或作品的知名度愈高，獲益能力也愈強，印刷量也可以提高。例如《哈利波特》從第一集長紅至第七集，其獲益能力相當驚人，每一集印刷量都讓人刮目相看，如《哈利波特（5）：鳳凰會的密令》在美國已創下850萬冊的首刷量，《哈利波特（7）：死神的聖物》更創下1200萬冊的首刷量（陳穎青，2007）等等。但這樣的暢銷書例子多為翻譯書，一般華文書籍的獲益能力其實不高，即使是2008年銷售創下近10萬冊銷售量龍應台的《目送》，也很難與暢銷翻譯書籍動輒幾十萬冊銷售相比。書籍的獲利能力，也可以從過去的相關題材、內容及寫法等書籍的銷售成績作為準則判斷。

當出版社對其書籍作「獲利能力」的評估後，就會決定印刷量及定價等。遠流周惠玲指出：「如果一本書是比較小眾的，我們先預期賣多少書。如果它是可以大賣的書，我們會在購買門檻作考量，讓讀者有立即想購買的價格，像250元。」她認為，「我們會先想像一本書要賣給多少人，以及賣給誰。如果我們希望讓讀者很容易想買，那就要打破價格門檻，如這幾年流行較厚重的書，以一頁1元來算，價格可能將近1000元。可是讀者不可能用

1000元來買，所以那本書可能只賣300多元，還附送一堆贈品。這種情況下，就必須要提高印量，成本才會降低。」

即使有標準的公式，可是在印刷量及定價上，還是要依書籍的「獲利能力」來考量。但也有另一種定價思考策略，**以暢銷書為例，在製作上的成本或版稅等是相對較高的，但因為它是銷售保證，所以出版社也會在定價上有所提高**。唐山陳隆昊表示，作者的版稅「10%跟15%就差很大，所以如果要給作者給到15%，就必須在定價上反映，如把定價也提高5%等。但這樣的作者一定要有知名度，出版社有把握他的書能暢銷，才會這樣做，這也是另一種定價策略。」以文學書籍為例，其是屬於情感性的商品，讀者沒有實用性的需求，因此書籍在定價上通常維持偏低，如果會漲價，通常只反映成本。如爾雅在1970年代書籍的定價多數是40元左右，如王鼎鈞《開放的人生》，可是這本書現在則要賣到120元，就是物價波動所作的調整。九歌陳素芳也表示：「現在成本一定是比較高，因為很多東西都在漲價，而且更注重包裝，如版面的規畫，會花更多錢。另外如美編的費用也很高，都是算在成本中。紙也是，不但漲價，而且愈用愈好，愈用愈講究。所以這幾年定價是一直在提高。」

出版社普遍在書籍定價上不會太高，這也造成出版社獲利率並不高的主要原因之一。爾雅隱地表示：「加加減減，出版社賺一成左右。再版獲益可以多一點。一本書賣得多就多賺，賣得少就少賺，但如果連一版都賣不完，出版社就要虧錢了。」格林張玲玲指出，「以一本定價250元的書為例，因為我們要透過書店賣書，程序是我們透過總經銷跟書店談，先給總經銷5折左右。所以如果250元的書，可以賣出去的話，收入剩下125元。這個收入還沒有算支出的成本，成本如編輯費、印刷費等，可能就要100多

元。所以利潤可能在20多元左右。但這還沒有算別的開銷，如稅金、辦公室使用費用等等，所以一本書利潤很少。」

　　九歌陳素芳也指出：「一本書賺多少很難說，因為要賣出去才會賺，賣不出去只是廢紙。你問我文學書能賺多少，不如問文學書該賠多少。」秀威宋政坤分析整個出版大環境後認為：「目前出版社恐怕賠錢比較多，原因有二個：第一，大環境很差，一般老百姓預算中第一個砍掉的，就是買書的錢。這對整體出版環境來說，有很大的影響。第二，因為景氣不好，大家印了很多書卻銷售不佳，退書率很高，影響到出版產業的產銷結構。」翻譯書籍是較不受景氣影響的書籍，以2008年為例，雖然銷量也大不如前，但暢銷翻譯書都仍維持在7萬以上的銷量（林欣誼，2008）。出版社評估書籍的「獲利能力」，再做印刷量及定價的考量，是十分重要的。時報陳俊斌點出：「不一定是把書印出來就會賺錢，要賣掉一定的數量才會賺。」

退書率

　　在定價策略中，獲益能力的評估是很重要，但並不一定準確，其結果易造成十分嚴重的退書率。退書率的問題在目前出版市場非常嚴重。退書率指的是書店把賣不完的書籍退回給出版社的百分比，其計算方式是退書金額除以銷售總額，即「退書率＝退書金額／銷售總額」。書店可以退書給出版社，最早是在1930年美國書店發生，當時書店把賣不完的書退回給出版社（Michael Korda，2003），這有點像是「寄賣制」。此制度沿用至今，一般新書約三個月至半年就會退回通路經銷商及出版社。有些書店近年來則採用「寄賣制」，即書籍寄放在書店銷售，若賣不出去，書店就直接退回給出版社，不需要支付任何款項（王乾任，2004）。

在1970年代，退書率只有個位數。隱地表示，在1978年左右，退書率約為7%（汪淑珍，2006）。當時會產生退書的問題，有二大原因：第一是當時的書店無法容納出版社的出書率；第二是書店倒帳風氣盛行（陳銘磻，1981）。但1980年代末，退書率攀升至15%至20%，1990年代中期退書率為20%至30%，1990年代末至21世紀以來，退書率更高至30%至50%。2006年平均最高退書率即達到52.4%（行政院，2007）。退書率以店銷通路為最高達40%以上（蘇拾平，2004）。以時報而言，2003年至2005年，退書率分別為38.79%，32.18%及30.18%（莫昭平，2006）。

現今退書率高居不下的原因，有七大原因：

第一，行銷資源分配不當。很多書籍未做行銷便上市，很多目標讀者並沒獲得資訊，導致滯銷退回。

第二，銷售政策錯誤。很多書籍上市時間及地點等不妥，出版社將書籍銷給「錯誤」的通路易造成庫存。例如純文學書籍大量銷售到大賣場、便利商店等等，由於大賣場、便利商店等的消費族群較喜歡大眾文學類書籍，除非是暢銷的純文學作品，否則易造成高退書率。

第三，出版社與通路用月結制方式結帳。月結制易造成出版社「以書養書」的心態，並採取「先退書，再結帳」的方式，也因此造成2000年初退書率高達35%至50%，更因此產生許多書籍因銷不掉，必須另以特價書銷售方式出現，進行便宜的拍賣（陳信元，2004）。

第四，出書如賭博。有些書籍經過評估的書籍，出版社認為一定會銷售很好，於是印刷很多本，可是讀者卻不買帳。可是有些書原本不被看好，甚至沒有任何宣傳，卻意外銷售得很好。如爾雅出版余秋雨的《文化苦旅》，原本連作者本身也認為不好

銷，可是卻在臺灣市場上獲得熱烈迴響，令人跌破眼鏡。社長隱地在書籍上市，並沒有特別做什麼宣傳，只有主動贈書給幾位作者，而這些作者反應卻異常熱烈並相繼買書，一時口耳相傳之下，報紙或作者紛紛主動為其寫書評，《文化苦旅》一時成為當紅炸子雞，而且得獎無數。例如獲得1992年《聯合報》「讀書人」最佳書獎、金石堂年度最具影響力的書及1993年誠品書店選書等等，更讓余秋雨從臺灣紅回大陸（徐開塵，2008）。

第五，印刷量難以控制。即使如暢銷書，也會有銷售下降的時候，可是若出版社沒有察覺，以為書籍仍大賣就繼續印刷，就會造成嚴重的退書問題。「控制印量最大的問題在於不知道什麼時候是銷售頂點，一到頂點就會下降。很多暢銷書都是在頂點時，書店還會追書，但其實已經下降，因此也造成屯積問題，滯銷後退書。」（潘瑄，2007）

第六，訂單管理不良。「狂銷的書，若多印1萬本，所有利潤都可能泡湯。有時候讀者去五家書店詢問一本書籍，書店回報給出版社卻膨脹五倍」（潘瑄，2007）。有時銷售量不錯的書籍，利潤卻被過量的退書消蝕殆盡（平雲，2005）。博客來前總經理張天立指出，退書率即報廢率，不能因為書店訂得多，就多印，一定要糾正「印得多發得多就會賣得多」的觀念，書店20%退書率是可以接受的，但超過就必須有所懲罰，如提高折扣等，不能讓書店「看好就搶，看壞就退」。他認為，訂單管理不良是導致退書率太高原因之一（張天立，2005）。

第七，出產過剩。臺灣出版社眾多，每個月出版3000多種新書，書店的陳列空間有限，有些書籍可能未上架就被退回。加上很多出版社盲目跟隨潮流出版，更易造成新書大量充斥市場，以至很多書籍被退回。唐山陳隆昊指出，尤其文學書籍有時候的

銷售並不太好，如果一個月賣不動的話，就會全退掉。陳穎青指出，原因出於書籍不是消費性商品，而且大部分讀者只重視新書。因此，新書一定愈來愈多，現在如此，以後也會如此，這個趨勢恐怕不會改變。「市場上太多沒有價值的書籍，但這個問題的產生並非因為出產過剩，而是在於消費不足，或準確地說是銷售不足。很多人至今仍未把書籍看作必需品」（斯坦利，1988）。

退書率的問題不只在臺灣，國外也為此相當的困擾。美國在2001年退書率也高達35%至40%（渥爾，2005）。以日本為例，因為每年出版新書達6萬5千冊，但由於銷售下降及有些書籍退書率高達80%至90%，一般的書籍也有40%至50%。因此形成嚴重的退書的現象，出版社不只面對「出版大崩壞」危機，也面臨「破產」的困窘（小林一博，2004）。

退書率嚴重，最大的受害者是出版社，因為書籍退回去的費用是由出版社付款，書籍在退回的運送期間可能會遇到損壞及庫存等等問題。加上出版社要計算銷售總額，也必須要先減掉退書成本（「總銷售額＝銷貨總額－退貨＝銷貨淨額＋其他出版收入」（渥爾，2005）。退書讓成本增加，加重了出版社負擔。

退書對出版社產生的影響，包括：「使出版商從主要的賣書業務上分心，降低銷售額及應收帳款，同時因此降低了現金流；增加庫存量並降低庫存的周轉；為出版程序增加更多的成本，尤其是倉儲與履約成本。」（渥爾，2005）

而在書籍中，以言情小說印刷量較固定，一次約印5000本左右（王乾任，2004），主要是因為其是「以社區型租書店系統承受基本印量的書籍」。臺灣的租書店約有2000、3000家，同一本書籍在一家店可能進2、3本，因此較有基本銷售保證，故言情小

說比較不受退書率影響。退書率的問題嚴重，也可能會造成定價提高。以目前退書率40%至50%而言，出版社的合理書價一頁應該是1.2元，出版社才不致於賠本（宋政坤，2006）。

目前要解決退書的問題，有四大參考方式：第一，出版社要調整心態，不跟隨潮流盲目出版。第二，謹慎估計印刷量。第三，精確追蹤訂單。第四，朝電子書發展；如尤其是，電子書可以「概不退還」，是解決退書的最好方法之一（渥爾，2005）。

折扣

這裡的**折扣有二個意義。第一是出版社給通路及讀者的折扣；第二是通路給讀者的折扣**。對象不同，折扣也有差異，高寶黃淑鳳表示：「出版社給通路的折扣依各家規模及通路特性不同，採不同的合作方式，全看供需雙方洽談合作的內容而定。至於消費者買到的折扣則是由通路商決定。」如出版社給經銷商與書店的折扣是不同的；而經銷商給書店的折扣也有所差異；書店給讀者的折扣更不同。即使同在一個出版集團中，旗下各出版社的折扣也不太相同。

在1980年代，當時的書報社（即中盤商）常常以6折向出版社批書，以7折批出。書報社賺其中一成利潤，這一成利潤包括支付運費、人工及管理費、代付款及倒帳風險等等（陳月雲，1981）。

到了1990年代，出版社批給中盤的折扣是6折、63折、65折，甚至7折不等。如果是全省性的總經銷，則可能批到5折左右，不過它仍要透過各地區的中盤商發行，中盤商再把這些書以7折或75折批給書店。當時書店競爭激烈，經常以9折銷售給讀者（林載爵、吳興文，1992）。但也有例外，如皇冠憑藉其規模大、出書量也大的實力，給經銷商或書店的折扣都是7折（莊麗莉，1995）。

到2000年以後，折扣也有所不同。以2006年為例，出版社給通路的折扣平均為68折，其中以經銷商（包括總經銷、中盤及代理商等）折扣最低約64折；書店約在52折到79折；直銷的折扣則是最低，約52折（行政院，2007）。遠流王品指出，每家出版社的狀況不同。「在每個案子中，彼此釋出的資源不同，可能折扣也不同。」**但大部分的折扣通常是由出版社吸收，而非通路商。**

出版社給經銷商的折扣，從5折至65折都有。如二魚給經銷商約5折至58折；唐山則為55折至6折。但經銷商有分大盤商、中盤商等，折扣也有所不同。如爾雅給中盤商約65折。

而出版社給書店的折扣，從6折起至7折都有。如聯經給書店的折扣約6折；唐山為65折至7折；爾雅為7折；秀威給博客來折扣為6折。

從以上數字看來，經銷商比書店擁有更好的折扣。原因可能是經銷商的營運規模及業務實力，經銷商以業績和發行承諾來換取更優惠的折扣（蘇拾平，2004）。通路商如書店給讀者的折扣，目前新書上市幾乎是79折。

一開始書店給讀者打折扣，是由金石堂發起的「8折書」活動（孟樊，2007）。不同的年代，折扣大約的差異如表2-2。從中可以看到在「出版社給經銷商」部分，從1980年代到2000年代，折扣沒有太大的改變，約在6折左右，7折以內。其中1990年的5折，指的是給總經銷商折扣，總經銷商還要再批書給中盤商。在「出版社／經銷商給書店」部分，差異明顯拉大，2000年之前約在7折左右，進入2000年後，折扣遽降至52折，可見此時書店通路較具優勢，出版社及經銷商也必須要調整其折扣。最大原因是連鎖書店及網路書店的崛起，此將在「促銷萬歲」中再加

以說明。最後是「書店給讀者」部分，尤其是在**新書部分，可以看出從「不常打折→9折→79折」的趨勢日漸明顯。**

讀者愈來愈具有優勢，原因是出版市場變得多元化，競爭激烈加上閱讀習慣的改變，讓書市的銷售不如以前，因此，必須要以低價吸引讀者購買。另外，唐山陳隆昊指出：「因為競爭的關係，以前新書上市是9折，現在變成79折。這與網路書店出現也有關係，因為網路書店營運成本較低，也不用庫存，營運地點也可以在很遠地方，所以新書上市折扣可以比較低。」

從中也可以看出「出版社／經銷商→書店→讀者」是環環相扣，因為讀者購買慾望減少，書店必須要以更大的折扣吸引讀者。因此，書店為了維持經營，同樣必須向出版社或經銷商要求更低折扣。同樣的道理，經銷商也會要求出版社批予再低一點的折扣。因此造成出版產業上游出版社給中下游通路的折扣有愈來愈低的趨勢，出版社愈來愈難生存的局面。

表2-2　不同年代通路的折扣差異

年代	出版社給經銷商	出版社／經銷商給書店	書店給讀者
1980年	6折	7折	不常打折
1990年	5折、6折、63折、65折、7折	7折、75折	9折
2000年	64折	52折至79折	79折

低價促銷

低價促銷出現有很多原因，其為是行銷手法的一種，可以讓出版社保持曝光率；若有與外國簽定版權協定，書籍可以低價促銷方式，在出版期限前銷售；同時幫忙拉起書系中其他書籍的銷

售，達到薄利多銷等目的。有些出版社的低價是推銷回頭書，但也有推銷新書，減少庫存（丁希如，1998）。因此，**低價策略具有二大功能：第一是宣傳，如打開知名度等；第二是刺激銷售，如薄利多銷等作用。一般會以低價促銷的書有四大類型：包括新書、經典書籍、口袋書及套書。**而低價促銷方式，通常是指書籍以優惠折扣販售給讀者。

目前最常見的低價活動，就是新書上市79折。現在不只是網路書店、連實體連鎖書店如誠品、金石堂等等，很多新書上市時，折扣都是79折，而在出版社的網路上預約新書，折扣有時更低至75折。在2002年出現69元書店（傅家慶，2004），在當時也掀起一陣風潮。

另外，經典名著由於有一定的知名度，以低價促銷方式常常奏效。如九歌的「名家名著選」系列，就是以低價策略吸引讀者，其中像琦君的《母親的金手錶》，當時用軟精裝包裝，一開始推出只賣99元。九歌陳素芳表示：「那本書很厚，300多頁，加上軟精裝，幾乎是以接近成本價賣出去。這本書銷售很不錯，也把這系列的書帶起來。但這等於是要賣很多書才勉強可以維持，因為我們還是要給作者版稅等等。後來價格有提高，149元、169元、199元等等，但還是很便宜。」

又如格林「遊目族」系列的第一本書《羅生門》，定價是400元，當時以169元特價促銷。又像洪範書店在1996年時，為了慶祝20周年，推出20本文學經典的口袋書系列，如《阿Q正傳》等書，以一本39元低價銷售獲得熱烈迴響，當時更引起一陣「口袋書」風潮，不少出版社如天下、格林、臉譜、探索等等都相繼跟進。但由於口袋書能容納的內容太少，且不便書店上架，因此只

能風靡一時，但不太能長期運作，也不太易成為出版社長期主力商品（孟樊，2007）。

　　套書的低價促銷也十分常見，通常在預購或第一冊上市時，都會以低價促銷打開知名度。例如1970年代遠流出版的《中國歷史演義全集》，原本定價為9000元，第一階段預約為1350元。第二階段為4950元，第三階段為5850元（丁希如，1999）。又如高寶出版《鬼吹燈》，因為它有好幾集，字數也很多，黃淑鳳表示：「為了讓讀者很快接受這位首次來臺發書的作家，我們當時第一本書出版時，就用特價來帶動它的銷售。原本應該是280元，就特價成199元，像這樣促銷手法可以帶動讀者購買意願，對後續的續集銷售就會有帶動效果。」

　　麥田出版的《胡雪巖》上下冊套書，一上市便以低價促銷，加上配搭電視劇及在《商業周刊》連載，效果也不錯。格林是採用集體行銷的方式，以分攤成本的方式，以套書或書系，一方面宣傳新書，一方面也開創舊書銷售，格林有7成的收入都是穩定的舊書（吳麗娟，2003）。

　　以上的例子主要是以低價為噱頭，幫忙拉起套書中或書系的其他書籍的銷售。套書可看成一個「讀書計畫」行銷，按時出版讓讀者分期購買。在套書的包裝上，可以分為精裝和平裝本，精裝版是特價不分售，主要通路為郵購直銷；平裝版為分冊上市，以書店零售為主。套書也可由出版社組合及讀者任選，如用買三送一、任選幾冊多少元，更可透過書展專案促銷（蘇拾平，2004）。套書不只一種行銷方式，可以採用不同階段行銷手法。例如共和國出版的《托爾斯泰小說選集》共12冊，首先只在誠品銷售整套，再採用郵購及與其他出版社共同版本行銷，接著改為平裝本分冊銷售（秦汝生，2009）。

爾雅隱地認為「薄利促銷」是比較好的方式:「有些書因為好銷,一版一版一直印。但如果因為書好銷,就多漲個20、30元,雖然馬上可以賺更多錢。但其實反而把讀者嚇跑了,用薄利多銷的方式比較好。一本書在走運,就不要去動它的價格。也許物價漲一點,就吸收下來吧!」

除了新書、經典書籍、口袋書及套書,可以用低價方式促銷外,出版社也會利用大型聯合書展、個別書展或活動等,把書籍進行低價行銷。出版集團由於出版社眾多,可以此為優勢舉辦聯合書展。城邦集團在1998年舉辦的讀書活動,以近5折的價格在各大書店販售25萬冊的新書,打破了出版社「單打獨鬥」的低價促銷策略(丁希如,1998)。

又如2009年的國際書展,各家出版社都使出渾身解數,如木馬特別設立99元特價區,促銷部分書籍及回頭書,同時也推出滿1500元送宅配的優惠。又像遠流在展場推出「經典套書69折」起、「好書限時66折」等低價促銷活動。再如大塊推出暢銷書7折起,另外買滿499元送當時最賣座的電影《海角七號》帆布袋。另外,共和國有「99元特區」、「展場全面79折」起等活動;其中套書特惠「《偷書賊》+《傳言人》只要430元」,「消費滿1500元送宅配券」。還有三采出版也推出「69折起」,「消費買1000元送創意提袋」等促銷活動。

除此之外,時報獨立舉辦「曬書節」,是把一些回頭書出清。陳俊斌表示:「所謂的回頭書,就是有些書從通路退回來。它可能會損壞,或書況沒有那麼好。」在「曬書節」時,這些書都會用很低的折扣去賣,如4本書只賣500元等,價格相當吸引人。2001年天下與誠品合作的「舊書拍賣」,讀者也熱烈捧場,很多書籍半天就搶購一空(潘瑄,2007)。又如二魚,雖然沒有

為什麼書賣這麼貴?——臺灣出版行銷指南

參加書展，可是卻看準2009年消費券商機，在其網路上以「消費卷——買書超划算」活動進行促銷特賣會，買滿3600元，再送300元的抵用卷等。

　　雖然低價促銷容易見效。但對書市而言，不一定是好的情況。原因是過度使用的低價策略，會造成出版產業結構失衡。如小出版社很難在激烈競爭中生存，大出版社的獲利也不高，而消費者也可能會被養成錯誤的「撿便宜」心態。

　　九歌陳素芳認為：「一般來說，很少做這樣策略，只能偶爾為之，因為大家價格都壓低，就不用做。出版社還要承擔書賣不出去退回來的費用。」如爾雅即是選擇性的方式進行低銷促銷。在1981年，爾雅出書滿100冊的時候，隱地在當時決定兩項定價策略，第一是「暢銷書定價盡量壓低」；第二是「文學價值高而不能暢銷的書，定價盡量提高。」原因是「高水準的讀者應當忍受以較高的價格，購買有格調的書。」（李雲林，1981）遠流王品認為：「有些書我們知道它的讀者群在那裡，大概會有多大的市場，這樣的書可能就不用促銷。以遠流來說，我們不太做價格破壞的事情。如果要用到打折，表示沒有其他辦法。像目標族群很清楚的話，就不需要打折扣。」

　　「臺灣可以仿效西方的特價書市，把庫存書建立一個特價書的流通通路」（郝明義、陳信元，2002）。秀威宋政坤表示：「書籍很難像一般的商品——便宜就會賣很好，很貴就沒有人買。但一個適當的定價，是有助一本書的銷售。但哪種定價會讓一本書比較好賣，我想沒有一定標準。它不像是大宗消費產品，定價比較便宜，就賣得比較多。有些內容很艱澀的書，就算定價很便宜，也不見得有人買。可是有人需要，他也不會因為定價高而不買。讀者有時是根據自身的閱讀需求來決定是否購買。」

另外，值得關注的是2001年臺灣加入WTO後，大陸書籍大舉進入市場，有一些國家的書種，尤其是非英語系國家，翻譯人才在臺灣較難尋找，大陸書籍可以補此不足。而大陸書籍定價也相當便宜，對讀者來說相當吸引。大陸書籍一本書約臺灣書籍的1/3到1/2價格（莫昭平，2006）。讀者只要克服簡體字的閱讀障礙，而大陸書籍也在品質上加強後，對臺灣書市將是很大的衝擊。而目前網路、智慧型手機相當普遍，很多人都習慣接受數位化資訊，而數位出版品的市場也可以不分繁體字或簡體字，傳播至整個華語市場（行政院，2007）。因此，像博客來即看準大陸書籍有一定的市場性，在2004年即成立簡體字館。

　　而便宜的書籍不一定具優勢，如必須要控制成本，因此在書籍的編製上，困難度可能會增加。如文學書籍本身的價格比較低，在扣除成本及通路費用後，獲利並不高。作者曾在校園裡辦過小型書展，即發現有些書籍雖然定價低，銷售也不錯，但獲利反而不及一些定價高的冷門書籍，如工具書籍等。原因是定價低的書籍與其他書籍的進貨折扣是一樣，但因定價比其他書籍低，可能賣出三本定價低的書籍才等於賣出一本工具書籍的利潤。因此，有些書籍即使「多銷」，也只是「薄利」回饋。

　　「出書如賭博」是書籍的寫照，以專業性書籍為例，雖然很清楚讀者群在那裡，但大部分獲利始終有限，除非是像教科書，讀者（學生）群明確，才能掌握出版多寡。

　　根據行政院新聞局2007年出版的《中華民國96年圖書出版及行銷通路業經營概況調查》分析，以2006年銷售量而言，銷售最好的是教科書占12.5%，其次是商業類書籍占12.3%，文學類書籍則占10.5%（包括文學、散文及小說，但不含兒童讀物）。由上述

的資料可以了解，出版的銷售市場中，以教科書實力最雄厚，文學書籍在總體銷售量上，仍有一定的成長空間。

由於文學書籍不像專業性書籍一樣，很清楚讀者群在那裡。文學書籍的讀者群是廣大的百姓，如喜愛純文學書籍的讀者，可能也曾看過《生命中不能承受之輕》；喜歡看愛情網路小說的讀者，或許也有買《第一次親密接觸》等等。文學書籍的讀者太廣泛，喜好太難預估，才會造成有些書籍印量過多，缺紙斷貨；有些書籍卻錯誤預估，退書退回一大半。這也是文學書籍雖然是出版社的重要出版路線，但多數出版社仍以綜合出版為方針的原因。

一秒就懂

為什麼書賣這麼貴

書籍當中以文學書籍的定價較便宜。消費者以女性、學生為主，15歲至24歲的消費者居多，消費能力不高。在計價方式上，最常的算成本的方法，是以頁計算。書籍因為要壓低成本，每頁的價格從0.8元至3元左右之間不等。而計算方式會因為成本、印刷量等等考量也會有所差異。書籍的成本包括版稅（或稿費）、權利金、翻譯費、編輯、校對、設計，以及紙張、油墨、碳粉、裝訂、運輸、排版、印刷、廣告、行銷、人事、租金、水電、倉儲等費用均包含其中。但因為書籍的性質有所不同，成本內容也會有所差異。

版稅是包含在成本中重要的一環，版稅最常指的是作者的收入，以本土作家而言，一般作者約在10%左右，暢銷作者的版稅都有15%以上。而出版社必須要資本雄厚，才能爭取到翻譯書的版權。另外，成本率是「成本占定價的百分比」，各家的成本率並沒有一定的標準，一般在30%至40%左右。

印刷量是會影響定價的重要原因，翻譯書可依三大方面思考：第一，外國書市的反應。第二，相關經驗。第三，作者。在非翻譯書的文學書籍方面，可以從作者暢銷及作品流行與否，以及讀者反應等方面評估印刷量。一般書籍第一刷約2000、3000冊，暢銷書首刷7000冊至1萬冊以上。書籍成本及定價的計算方式是：「成本＝總製作成本 ÷ 印刷量」及「定價＝書籍成本 ÷ 成本率」。

在定價策略上，書籍在定價策略上是屬於市場滲透法。在定價策略上，最重要的考慮是書籍的獲利能力，一本書的「獲利能力」，很多時間決定了它的印刷量及定價。書籍「獲利能力」的標準，主要是從過去相關銷售經驗獲得。如果「獲利能力」判斷不準確，可能會導致嚴重的退書率，退書率即「退書率＝退書金額／銷售總額」。退書率的造成，有七大原因：第一，行銷資源分配不當。第二，銷售政策錯誤。第三，出版社與通路用月結制方式結帳。第四，出書如賭博。第五，印刷量難以控制。第六，訂單管理不良。第七，出產過剩。退書率的問題不只在臺灣，外國也為此相當的困擾。目前要解決退書的問題，有幾個方向：第一，出版社要調整心態，不跟隨潮流盲目出版。第二，謹慎估計印刷量。第三，精確追蹤訂單。第四，朝電子書發展。

另外，折扣是定價上的關鍵，不同的年代折扣也有所不同。在「出版社給經銷商折扣」上，從1980年代到2000年代，折扣沒有太大的改變，約在6折左右，7折以內。在「出版社／經銷商給書店折扣」部分，差異明顯拉大，2000年之前約在7折左右，進入2000年後，折扣遽降至52折。在「書店給讀者折扣」部分，尤其是在新書部分可以看出從「不常打折→9折→79折」的趨勢。出版社給中下游的折扣有愈來愈低的趨勢，導致出版社愈來愈難生存的局面。

而低價促銷則是出版公司經常使用的行銷手法。一般會以低價促銷的書籍，有四大類型：包括新書、經典書籍、口袋書及套書。而低價促銷方式，通常是指書籍以優惠折扣販售給讀者。目前最常見的低價活動，就是新書上市**79**折。另外，經典名著由於有一定的知名度，以低價促銷方式常常奏效。套書的低價促銷也十分常見，通常在預購或第一冊上市時，都會以低價促銷。除了新書、經典書籍及套書，可以用低價方式促銷外，出版社也會利用大型聯合書展、個別書展或活動等，進行低價行銷。另外，值得關注的是大陸書籍及數位化書籍大舉進入市場的現象，由於其價格便宜，因此容易對書市造成衝擊。

為什麼書賣這麼貴

3 通路，問題很大

目前書籍出版的發行通路，多以店銷通路為主。在出版產業的通路系統上，分為產銷分離與產銷合一。產銷分離由三大部分聯結，即「出版社（上游）→經銷商（中游）→銷售點（下游）」，它又有二種方式，包括總經銷制及區域經銷制。而產銷合一則是指上游出版社直接與下游銷售點往來，並無透過中游的經銷商。以唐山為例，即採用的是產銷合一的方式。出版社選擇與下游銷售點直接往來，原因有三個：第一是出版社本身較能掌握市場動向，選擇有效的發行點。第二，書籍不易損毀。出版社直接發行，少了一個總經銷的環節，較能顧及每本書籍狀況。第三，結帳容易。但社長陳隆昊也指出，出版社自行發行也有缺點，如運費及人事費高、倉庫存放不易等問題。**目前很多出版社採用的發行方式是產銷合一與分離兼行，即部分書籍委託經銷商、部分書籍自己直接發行到通路。**

3.1 通路商——聯繫出版社與讀者的橋樑

經銷商通路

經銷商在出版產業中，扮演著「中游」的角色，是聯繫「上游」出版社與下游「書店」的重要橋樑。即「一種倉儲與銷售許多家出版商的書的機構」（渥爾，2005）。經銷商主要收入方式是「在進貨成本與出貨收入間賺取利益」（蘇拾平，2007）。其

為什麼書賣這麼貴？——臺灣出版行銷指南

主要功能是「協助出版社所精心推出的出版品，發送到下游通路中每一個適當的賣場。」（陳日陞、梁嘉凱、李秉懿，2001）經銷商有分為大盤商及中盤商，很多出版社與經銷商透過產銷分離的方式，讓書籍順利發送到各銷售商。

產銷分離有二種方式，第一是總經銷制，經銷的業者通稱為總代理或大盤商。出版社出版書籍後，交由總經銷統一處理，如分發給區域經銷商或各大小通路。另外一種是區域經銷制，業界通稱為中盤商，是以區域劃分（朱玉昌，1992），出版社把書籍委託給不同的中盤商，再流通至各個銷售點。以高寶為例，區域型或營業規模較小的書店，多委託區域盤商經營。產銷分離好處是所有的銷售、運送與履約功能，如應收帳款等，全都由經銷商一手包辦，而不是出版社（渥爾，2005）。隱地認為，產銷分離最能使出版業專業分工，步上正軌，不致造成人力浪費。（隱地，1981）產銷分離多是小型出版社，原因是其規模及資金不夠大。

但如大型出版社多會有發行單位，專門負責處理一切的銷售業務（孟樊，2007）。如聯經兼有「總經銷」的身分，除了發行自己的書籍，也代理其他出版社的書籍。

經銷商有五大功能：第一，商業流通，如建立完整的行銷網絡；第二，物品流通，如強化物流管理與運作效率；第三，資訊流通，如建立上下游成員的資訊聯絡；第四，金融流通，如定期收付款，保持資金靈活流通；第五，支援流通，匯集市場資訊提升服務品質（陳日陞、梁嘉凱、李秉懿，2001）。經銷商眾多，優劣差異也很大，有些可以為出版社爭取好的書店平臺擺位，並幫忙查補及提供建議等。但有些則只是負責把書送到書店就結束（王乾任，2004）。

經銷商近年來愈來愈難經營，目前面臨最大的問題是景氣低迷、新書量過多及結帳制度失衡等。各中小型經銷商最直接受到衝

擊，如新書過多，導致退書率居高不下，造成物流費用大增，經營困難。爾雅隱地表指出，大環境不好，中盤商愈來愈少。中盤商又稱為書報社，在1990年代前，約70%的書都是透過書報社轉到書店銷售，只有30%的書是由出版社直接發到書店。大部份地區都有兩家書報社以上，每家中盤商都掌握200、300家書店。所以透過10家以上的中盤商，出版社的新書就可到達每家書店（林載爵、吳興文，1992）。目前的環境對經銷商是比較不利的，原因除了不景氣外，還有「去中間化」趨勢，如有些出版社自行成立發行公司等。

> 去中間化指的是「愈來愈多的產品與服務提供者越過中間商而直接與最終購買者接觸，或認為是一種全新的通路中間商類型的興起，且逐漸取代傳統的通路。」（Philip Kotler，2007）

　　另外也有些大型經銷商選擇與同業合併，以求降低成本及提升行銷功能（李至和，2009），如聯經與農學社兩大圖書經銷商，便在2008年合併成立聯合發行股份有限公司，負責圖書發行業務，旗下另有子公司「創新書報公司」，負責雜誌發行。

　　大型經銷商負責的業務不再只是把書籍聯繫及運送到各通路層面，而是整合行銷活動。整合行銷已是未來趨勢，不再是每一本書的單一通路行銷，而是整合各個通路——多通路的行銷手法。整合行銷主要以整合為中心概念，如以讀者為中心，把出版社所有資源整合利用；講究系統化管理及強調協調、統一；注重規模化與現代化（王祿旺，2005）等等。

　　陳秋玲以聯合發行股份有限公司為例指出，目前服務的雜誌有200家，出版社有500家。其負責範圍廣泛，包括第一，媒體

公關；如品牌打造等。第二，服務出版社；如幫助各出版社多角推廣、協助小出版社行銷規畫執行及市場調查。第三，通路的經營；如發掘有潛力的部落格合作案。第四，特定通路的開發；如超市、DVD出租店等；第五，專案活動洽談；如直銷通路的爭取，打進學校、圖書館及郵局等。第六，客服中心部分；主要服務對象為出版業及讀者等。第七，跨產業合作；如電影公司等活動接洽等等。例如城邦集團即透過聯合發行股份有限公司，將書籍發送到各通路層面。

經銷商的整合行銷，對出版社好處在於資源分享及促進銷量。以2009年國際書展為例，陳秋玲表示：「聯合發行公司就有10個攤位，我們就可以集合各個出版社的資源，如他們請的作者，除了在他們自己攤位簽名外，也可以到我們這邊再簽一場，這樣作者的書就變得好多地方可以賣，不只有在他們自己的攤位，我們聯合發行公司可以幫他們的書做一個重點的陳列及宣傳。」

在經銷商裡，最重要的角色是發行人員，但由於發行人員薪水不高，負責「送（退）書、查補書、催款、收帳、市場調查以及書店（下游書商）的公關」的工作，肩負銷售業績壓力大。因此，優秀的業務人員愈來愈少（孟樊，2007）。

店銷通路

店銷原指的是「書店的銷售」，但在便利商店及大賣場等出現後，店銷則泛指店面的銷售。一般出版社最大的通路是書店。書店分為實體書店與網路書店。出版社十分重視書店行銷，「書店是書籍的店頭市場的所在，更是市場機制運作的戰場，出版業的生產、分配、銷售最後都必須在此發揮作用。」（孟樊，2007）。

（一）實體書店

1920年代，美國的書店漸漸成為「重要的商業中心」，書店的展示架上不只是新書、還有暢銷書，甚至將暢銷書單貼在店裡，也在結帳櫃臺販賣其他商品（Michael Korda，2003）。實體書店「暢銷書」行銷及兼賣其他商品如文具的概念沿用至今，其中會兼賣其他商品原因是：「書店彼此之間競爭激烈，經常以9折出售，而扣掉房租、人員、稅金、水電……等等開銷，實得的利潤有時不到一成，所以大部分的書店都兼賣文具用品。」（林載爵、吳興文，1992）而實體書店可以分為獨立書店及連鎖書店。

1.獨立書店

獨立書店大都以家庭式經營為多（王祿旺，2005）。大都分佈在社區或校園附近。獨立書店最大優勢在於有特色、與顧客互動較密切及進退書的掌握度較敏銳等。但隨著連鎖書店的興起後，其不夠專業化、店面缺乏管理及進書折扣較高等，都成為其劣勢。「獨立書店不夠專業化，沒辦法了解自己的定位與屬性，更不願花心血建立最合適的書單和書籍類型，浪費書店空間，無法達到單位面積銷售量大化。」（王乾任，2004）21世紀是大型連鎖書店的天下，傳統獨立書店唯有改型為專業書店，才不致於被淘汰（孟樊，2007）。而獨立書店需改善管理制度、賣場狹小、燈光昏暗、空氣滯悶及展陳凌亂等問題（王祿旺，2005）。

「獨立書店難生存的五大原因：第一，銷貨毛利率太低。書店的銷貨毛利率最低也要24%，但獨立書店只有22%，連鎖書店則超過34%；第二，經營管理成本居高不下，如單一書店的進貨率比連鎖書店高出10%至15%；第三，促銷、宣傳廣告無從做起，如資料建檔困難；第四，經營管理技術難以提升；第五，商品銷售情報不足，連鎖書店卻因經營區域不同，較容易獲得資

訊。」（凌雲，2003）獨立書店要建立策略聯盟，才可以解決目前的困局，如建立共同物流機制、共同資訊平臺及採購、促銷的集體化等等（凌雲，2003）。

獨立書店因為沒有連鎖書店的規模大，尤其在進貨折扣上，很難得到較好的折扣。在銷售給讀者時，價格比連鎖書店來得高，因此會流失一些消費者。此時，有些獨立書店為了留住客源，決定跟隨連鎖書店，以低折扣給消費者，但當中的差價只好自己吸收，這也是導致獨立書店愈來愈難生存的重要原因之一。

小型出版社有時也會開設獨立書店，以利自家出版社的銷售。但也會面臨一些窘困。唐山即同時擁有出版社與書店，社長陳隆昊指出，在自家的書店裡一方面希望可以把暢銷書擺在醒目的位置，創造更佳業績。但另一方面，又希望自己出版社的書，可以擺在更好的位置。但是，擺唐山的書可能就不如暢銷書好賣。到底要宣傳自己的書還是創造營業額，有時候很矛盾，所以我盡量都採用中庸之道。」唐山為了市場區隔，除了唐山書店外，也在一些學校以不同的店名設立了門市。陳隆昊表示，在學校開設門市，有二大評量，第一是學校人數，至少要達到6000人才有商機；第二是孤立性高，他指出，在市區學校內的書店由於周遭競爭多，較難生存。

在出版社對獨立書店上，大型出版社較具優勢。原因是大型出版社佈點廣泛，如聯經單是獨立書店的通路，就有500家左右；門市也有5家。小型出版社沒有如此成本與規模，只能作策略性的考量。陳隆昊認為「發得廣不如發得精」，把書籍發行到20個有效點比廣發200個點更有效。又如秀威，很清楚自己的書專業的屬性，所以在實體書店通路上，只挑選重點地區發行，如大學附近的書店，敦煌、唐山及政大書城等等。

2.連鎖書店

臺灣的連鎖書店是由1982年新學友成立第二家分店開始；接著1983年金石堂成立；其後誠品、何嘉仁等等連鎖書店也陸續成立。其中金石堂首創了很多特別的行銷方式，對書市帶來極大的衝擊，如暢銷書排行榜、8折書購買活動及購買零折扣等等。連鎖書店的經營方針，不但提供舒適的購書場所，也把以往「選購圖書」的單向及平面的購買行為，擴充為多元交流，如作者、意見領袖與讀者等，同時也把促銷活動立體化，如與報章雜誌、廣播與電視等相關的媒體結合（林載爵、吳興文，1992）。

連鎖書店可以利用本身優勢，舉辦新書發表會、書展，並以暢銷排行榜陳列、重點書平臺或櫥窗陳列等等吸引讀者。同時因為店面多，也可以建立龐大的會員制度及折價卷優惠等等。大型連鎖書店為了提高獲利及永續經營，幾乎紛紛走向複合式商場的經營方針，如誠品書店有音樂館、文具用品館、兒童館及咖啡館等的經營；而金石堂也兼營服飾、音樂與咖啡店等（王祿旺，2005）。

連鎖書店最大的優勢，在於銷點多、空間舒適、書籍陳列講究、企業化管理，以及折扣優惠。「書籍陳列良好規畫、硬體設計完善、服務素養及態度良好、訂書進書查補書的專業且迅速流程，以及店面位置便利等等都是連鎖書店的優勢」（王乾任，2004）。陳隆昊認為，連鎖書店好處是批貨方便，它們有物流中心，可以統一發送書籍。「金石堂以量多為經營策略，因此其推薦書才有效力。」（孟樊，2007）連鎖書店可以利用其優勢，進行多次促銷活動。如利用推薦書或排行榜進行第一次促銷；不久之後，再加上新書發表會及店內書展等等，進行多層次的促銷。如2001年天下與金石堂合作的「喜讀

節」，在當時即引起一定的話題性，對銷售有所幫助（潘瑄，2007）。

連鎖書店大多已做好市場區隔，通常以設店地點作區隔，如紀伊國屋及誠品等書店是有計畫地進駐百貨公司；金石堂及何嘉仁則以大都市為主要分佈點。另外，亦有書店以讀者群階層作區隔的市場策略（王祿旺，2005）。但連鎖書店漸漸壟斷市場，對經銷商及獨立書店形成三大嚴重影響，包括**第一，獨立書店的生存受到威脅**；如出版社給予連鎖書店較好的折扣等。**第二，連鎖書店物流中心的設置，透過產銷合一方式，主導書籍的流通，對經銷商造成很大衝擊**；目前很多出版社如高寶等，與連鎖書店都是直接來往，沒有透過經銷商。**第三，市場被壟斷後，整個出版市場會失去了多元發展空間**，連鎖書店選擇陳列的書籍，不代表是讀者所需要，對整個出版產業而言，並不是好事。

連鎖書店愈來愈擴張，更有深入校園設立店面。如1993年敦煌書局在逢甲大學開分店，後來全臺擴張到9家。2001年金石堂在弘光技術學院開店，誠品也在實踐及臺大等開分店等等（于善祿，2001）。不只有臺灣，很多國家如美國、英國、日本等等，連鎖書店都迅速擴張。只有法國因為有書店「單一定價法」，書籍是不能打折，因此連鎖書店不至於擴張（陳書凡，2005）。

（二）網路書店

在1990年代之前，書店泛指一般實體書店。但在這之後，網路書店成為書店其中一個重要的意義。1995年博客來網路書店正式成立，一開始雖然經營慘澹，但在2001年與統一超商合作後，成為極受歡迎的通路系統，對出版產業也產生了革命性的衝擊。

「網路的出現，讓圖書不僅可以在網上直銷，文字信息及圖像資料處理方式也產生巨變，甚至動搖整個出版社帶來極大變革」（小林一博，2004）。

目前的網路書店可以分為三類：**第一是純虛擬網路書店**，如博客來網路書店及新絲路網路書店等等；**第二是實體書店的網路書店**，如金石堂網路書店、誠品網路書店；**第三是出版社的網路書店**，如國家網路書店、遠流博識網及時報悅讀網等等（陳薇后，2003）。目前臺灣最大的網路書店是博客來。爾雅隱地認為，博客來是無倉庫書店，新書出來時，不需要發書給它，只告訴它新書資訊即可。網路書店的價值在於，第一是可以積極提供指導性的資訊，如書評及閱讀導覽等等；第二是會員之間如讀者與讀者、作者與讀者的資訊交換；第三是交易而產生的資訊可以減輕對產品不確定性。另外，網路書店有別於普通書店，其將人對書店的影響降到最低，尤其是存貨管理與品項管理，主要是利用電腦將營運技術傳授給店員（韓明中，1998）。

網路書店最大優勢在於，便捷性、隱私性高及價格便宜。如博客來與統一超商結合後，全省超過4300家據點；加上網路購書相當方便，形成非常龐大的「在家購物網」，其更在2008年推出「24小時隔日7-ELEVEN取貨」與「全年無休」等新服務（羅之盈，2008）。而在網路書店購物隱私性相當高，取貨時書籍是以包裹方式送達，減低了到書店，面對店員櫃臺付錢的尷尬。在價格上，網路書店因為沒有實際店面的花費，成本相對較低，價格上因而比普通的書店便宜，如近年來新書折扣更低到79折，引起各實體書店也跟隨，影響力可見一斑。由於價格低廉，很多消費者已經有「在實體書店看書，網路書店買書」的消費型態。網路書店會愈來愈抬頭，一般實體書店已經

有漸漸消退的跡象。如博客來每個月已經可以賣出4萬多本書（張天立，2005）。

在2010年著名的折扣實體書店政大書城負責人李銘輝也宣佈，臺北師大店將歇業，未來將與博客來前總經理張天立合作，轉型學思行網路書店。他指出，未來即使要再開店，也選擇如花蓮等偏遠地區。原因是這些城市空間大、交通問題少，是經營理想書店好地方。華品文創總經理王承惠認為，「網路書店興起，中小型書店式微是必然趨勢。」網路書店的銷量上升，目前已占兩成以上，未來網路戰場將繼續擴大（何定照，2010）。

為了跟上時代這股趨勢，出版社也紛紛投入更多心力在網路行銷上。如秀威即看準趨勢，主打網路行銷，如建置國家網路書店等。宋政坤指出，秀威選擇以網路書店為主要通路，是因為網路具有無限延伸的書櫃，加上實體書店強調的是商品周轉的速度，若不是暢銷書，很難在一時之間看到銷售成效。一些少量而專業的長銷書若放在網路上，就不會因為銷售成效不好，而被強迫下架。雖然出版社的網路書店是各自經營，但目前已有策略聯盟的產生。陳秋玲表示，聯經除了自家網路書店外，與博客來、金石堂、誠品、遠流博識網等也有合作，共同建立讀者訂購及資料庫等服務。

量販店及便利商店通路

量販店與便利商店也是屬於店銷之一，但由於其性質較為特殊，因此特別提出來探討。量販店與便利商店雖然不是書籍主要的銷售管道，但也說明有一定的銷售額。其選書標準有別於一般書店，主要以暢銷書、大眾文學及生活類書為主。「量販店主要以折扣低價及低毛利率追求最大營業額，其對新潮流或新書反而保守遲鈍，除非是暢銷或知名度的書籍」（蘇拾平，2007）。九

歌陳素芳認為，常見於量販店及便利商店的文學類書籍，多為勵志類作品、翻譯小說及推理小說等。

出版社通常是透過經銷商與量販店或便利商店接觸，但量販店有時也會直接選書，而出版社也會主動推銷。但由於量販店及便利商店給出版社的折扣都偏低，出版社不一定想讓它們的書籍進入上架。二魚謝秀麗指出，出版社給便利商店的折扣比書店還低，主要因為它的物流費用很高。出版社書籍會進入便利商店陳列，主要是為了廣告效果。「並不是任何一本書都適合超商通路，因為超商有迴轉率，能夠上架的書必須具備暢銷、流行與話題性，適合人人閱讀，而且不能太貴。」（潘瑄，2007）另外，退貨問題也讓出版社對量販店卻步，因為在退貨過程中，書籍容易受損，對出版社而言得不償失。所以如果書籍在書店暢銷，不一定會進入量販店。陳俊斌指出，像時報的策略不會讓書一開始便進入大賣場，在大賣場銷售感覺上比較廉價。

學校圖書館通路

學校圖書館主要是透過經銷商選書，不太會主動聯絡出版社。學校選書方式包括透過校方選定認可、老師指定推薦、或學生意見傳達等等（蘇拾平，2007）。在選書標準上，除了內容好壞外，也會考量到出版社的品牌。以九歌為例，陳素芳表示：「九歌的書在學校圖書館很多，因為對我們的品牌很信任，很多新的學校，也會主動聯絡或找中盤商。」對學校圖書館而言，書籍具有一定的品質保證是很重要的事，此時出版社的品牌就有一定的影響力。她認為，學校老師會放心指定為課外讀物，認為九歌的書對學生有益，絕對是好的作品。這就是一種品質保證。另外，很多出版社在新書出版時，也會主動聯絡學校圖書館。如九

歌也會主動發訊息，國家圖書館也有資訊，新書編碼時也會發資訊給其他圖書館。

此外，老師對學校圖書館也有一定的影響力，如很多學校圖書館，都有定期收集老師推薦的書目，再加以訂購。有些出版社，就會特別對老師做行銷宣傳。謝秀麗表示，二魚會主動寫信給老師。如報導文學類的書籍出版，就會寄信給開設這門課程的老師，詢問是否需要公關書等。但學校圖書館的通路，獲利卻不多。因為經濟不景氣，爾雅隱地指出，學校圖書館近年很少採購書籍，而早期是以標購方式採購，但都把價格壓得很低。

特殊通路

特殊通路如出版社自身兼為門市；又或採取郵購、直銷方式，以及租書店、拓展海外市場、組織（如企業、政府單位、基金會等）的銷售等通路。

（一）出版社兼為門市

這裡指的「出版社兼為門市」，指的是出版社在公司內直接設立銷售點，供消費者直接上門購買。如二魚即在出版社大廳陳列主要的書籍，供讀者購買。

（二）郵購及直銷

郵購和直銷主要是省略中間通路一環，出版社直接與讀者接觸。由於減去了中間通路的運輸等費用，書籍可以更便宜的價格銷售給讀者。在郵購部分，1950、60年代文星書店郵購促銷做得相當成功，開啟郵購通路的發展。1970年代以《聯合報》及《中國時報》兩大報為主流，很多郵購及直銷都在報章刊登廣告。例

如當時遠流《中國歷史演義全集》套書即在報紙刊登廣告，其以郵購直銷方式運作得相當成功，因此DM信函郵購相當流行。1980年代，出版社眾多加上郵資高漲，郵購通路因此沒落（王榮文，1994）。但1990年代之後，網路興起，很多人透過網路交易後，商品多以郵購方式直接寄給購買者，又為郵購開啟新一頁。

直銷是從1970年代開始盛行。書籍的直銷多以高價及多冊的套書為主，其以密集的廣告、折扣及人員行銷方式作宣傳，購買者可用郵購方式預付部分書款，並以分期或一次付清方式購買（林訓民，1996）。例如遠流在1970年代出版的《中國歷史演義全書》，即以直銷方式銷售，當時定價為9000元，預約有55折優待。廣告推出兩個月內，第一版已銷售一空。社長王榮文指出，這套書是高價產品，不適合書店陳列，只適合直銷。決定出版之前以接近成本價優待讀者，因此有了報紙廣告。而實際這套書也正因為廣告的成功而獲益。（游淑靜，1981）時報也從2001年開始直銷通路，包括電子商務、郵購及讀者俱樂部等方式（莫昭平，2006）。其中以兒童讀物最常以直銷方式銷售，兒童讀物占70%是以直銷銷售（出版界，1998）。直銷主要是由出版社業務人員直接向消費者推銷書籍，因此如遠流等出版社都有特定的專員負責。

（三）租書店

租書店雖然也有「店面」，但並不屬於店銷的一種，原因是租書店對消費者是「只租不售」的服務。其經營方式相當特別，書籍是以買斷的方式向出版社進貨。主要以言情小說、通俗小說及漫畫等為主。目前租書店很多走向連鎖化或複合式經營（丁希如，1998）。

（四）海外市場

在海外市場的開拓上，目前海外銷售市場約為10%，可分為國外客戶直接訂購、當地經銷商經手及出版合作等方式（出版界，1998）。華文市場如大陸、新加坡、馬來西亞、香港、澳門等是最熱門的地區，其次是亞洲、歐美等地區。大陸是目前最受矚目的市場，原因是其市場大，獲利相當優厚。但目前由於政策、匯率、繁體字與簡體字、運費及文化差異等問題，因此除非出版社具有雄厚的實力或長期耕耘，不然很難成功進入。1990年代大陸的圖書市場約近百億元的人民幣規模，到了2000年已達376.8億元。臺灣以錦繡出版社經營大陸市場最成功（蔡文婷，2002）。

而出版社在海外市場拓展成功的多為大型出版社。如聯經所屬的聯合報系集團，其在海外擁有《世界日報》及世界書局等，同時是臺灣唯一在北美和亞洲設有總經銷代理的出版公司。另外，如皇冠、遠流及城邦集團在香港成立分支，皇冠另拓展至新加坡及馬來西亞等地成立分公司（辛廣偉，2000）。小出版社也有少數成功的例子，如臺灣學生書局在行銷策略上，曾以代銷海外市場與開拓國內市場為主，據點多達歐、美、日、韓及香港等30多處，其中如海德堡大學及劍橋大學等名校，都指定學生書局為主要採購的窗口，外銷業績曾占總額的70%（吳柏青，2008）。但一般書店在海外市場發展還是比較吃虧，原因是運輸費用太高。唐山陳隆昊表示：「目前盡量維持關係，還是以臺灣書店為主要通路。」

（五）組織

在組織上的銷售必須要出版社主動去開發，如到各個企業、教育團體、宗教團體及政府組織等等去演講或宣傳。書籍在這些組

織的銷售量，有時比一般通路來得更多，幾乎是一批一批的訂購，不容小覷。在企業行銷上，非文學書籍比文學書籍來得有力，如二魚出版江偉君的《輪椅上的公主》，在一般通路如書店等只賣出2萬本左右，但向保險公司等企業加以行銷後，該書則賣出7、8萬本的好成績。九歌陳素芳指出：「如商業的作品，可以到各大企業演講，對員工教育訓練有用。但文學的作品，企業不會讓員工看文學書作為進修。對文學來說，可以宣傳的地方，如學校、書店等。」

近年來出版社也積極尋找與政府部門的合作，如二魚在開拓政府部門的通路上相當積極，他們是第一個爭取到政府出版品做商業銷售的出版社。又如唐山在2008年也爭取到與文建會、客委會合作，邀請文學家鍾肇政到各大學演講，結束後再把演講的內容，集成《鍾肇政口述歷史：『戰後臺灣文學發展史』十二講》一書出版。

3.2 通路商稱霸，出版社協議無效？

目前臺灣的出版社與通路之間關係並不平等，自從連鎖書店崛起，以及博客來網路書店與7-ELEVEN合作後，出版業逐漸進入通路主導的時代。最明顯的例子是外國很多新書上市不會打折，可是臺灣的新書上市，不但打折扣，而且愈打愈低，從以往會員才享有的95折，到現在不管是實體書店或網路書店，很多新書都打出79折的低價格。

聯經陳秋玲指出：「過去通路要打折，就是自行吸收，現在變成出版社吸收，這樣其實讓出版社很難經營，但現在不打折，就沒有人要買書。」貓頭鷹出版社長陳穎青表示：「以往書店對新書是一視同仁的，現在卻要靠足夠的行銷預算才能得到足夠的曝光量；像10年前那樣出版社只管出好書、不用考慮行銷的時

代，已經一去不復返了。」（黃國治，2008）因此，出版社除了需要積極針對消費者投入行銷外，在與通路溝通上也必須花費更多心力經營，才可以為書籍爭取更好的曝光方式。

九歌陳素芳表示：「我們是會主動跟通路溝通。如果有很好的產品，卻沒有主動溝通，沒有讓人家知道，那替代性就很高，所以我們會常常跟通路聯繫……例如下個月要出版新書，我們就有專門負責行銷的人，去向通路報告。」

以下說明出版社與經銷商，以及出版社與書店的協議方式。

出版社與經銷商

爾雅隱地比喻出版與發行的關係，猶如「井水與河水」。他們關係是密切的，因為井水也是水，河水還是水，只是此水並非彼水。如果把出版社比喻為出版產業的起點，讀者是終點，那經銷商就是連接中間的環節（王祿旺，2005）。因此，出版社與經銷商必須要建立良好的溝通方式。出版業畢竟是商業行為，一個良好的溝通方式，不能只靠感情上的信心及情誼等，還必須了解彼此的背景及實力，才不致造成如倒帳等風險。倒帳形成是背離商業原則、忽略市場需求的結果。出版社新書上市後，卻不去了解市場的容納量；批發商也不顧自己的銷售能力，不斷接受新的出版品，結果必然造成倒帳（林良，1982）。如1980年代即頻頻爆發書店及中盤商「倒帳」的事件（應鳳凰、鐘麗慧，1984）。其中一方倒帳或倒閉，都是最壞的結果，所以事先必須做好的風險評估及建立良好的結帳方式。

出版社與經銷商最常採用的結帳方式是月結制（陳信元，2008）。月結制「是由早年賣斷交易，但退貨少開發票不正常的狀態演變而來。」（蘇拾平，2007）除月結制之外，出版社必須另外支付保留款給經銷商。保留款是指出版社把新書交給經銷商

後，經銷商結帳時會先扣下一定比例的保留款，再結算支付給出版社。保留款可分為固定款額及壓書籍支付費用的百分比兩種方式，後者通常是壓書款的3、4成（王乾任，2005）。保留款產生是因為書店很少主動點書，很可能一、二年後清倉時才退回滯銷書。但出版社早已於發書一、二個月後向經銷商結過帳；又因為出版社經營狀況，有些很可能一、二年後已經關門，此時退回的書，經銷商只好「買」了下來（陳月雲，1981）。經銷商為了保障自身權利，避免出版社惡性倒閉，因此產生保留款的制度；但對出版社而言，保留款對其現金周轉十分不利。

目前出版市場以通路為主導，很多出版社對通路的要求都不太有異議。二魚謝秀麗表示：「通路是死的，出版有基本的遊戲規則。我們在面對總經銷時，一定是要給最低價。」除了要「低頭」外，出版社與經銷商之間也必須維持友好的關係，高寶黃淑鳳指出：「供應商跟通路要維持良好的供需關係，因為只有透過他們，我們所出版的書籍才能在最快速的情形下，將書籍送到讀者手上。所以在溝通上是很重要的，因此親自洽談、電話、E-MAIL、MSN等等，也都是很好的溝通方式。」皇冠會對經銷商會有實質的獎勵辦法，每年選出銷售量最高的前三名經銷商給予獎金（莊麗莉，1995）。

出版社與書店

出版社與書店的關係，隨著時代的不同也有所改變。在1970年代，出版社較具優勢，當時是文學出版為主流，「文學五小」在出版界具有一定影響力，也非常團結。只要有書店在其中一家出版社拖欠款項，其他「四小」也拒絕發書給對方。如當時純文學對書店訂下「8折，不退書」的規定，通路也沒有異議（徐開塵，2008）。

但時至今日，形勢易轉，**通路成為主導的一方。最重要的關鍵是連鎖書店與網路書店壟斷銷售市場。**加上很多連鎖書店成立發行中心，由於其銷售地點多，可以大量進書，有些進貨量甚至與經銷商一樣多，因此也要求折扣要和總經銷一樣低。如金石堂成立金士盟物流中心，自行管理旗下書店所有的進書程序，這也對出版社產生很大的衝擊。

　　而出版社「為了博得連鎖書店的青睞，只好屈就連鎖書店的條件——進貨價格、結帳條件、進貨數量（不包銷）、不能規定售價，甚至只要能多賣削價都無所謂。」連鎖書店的強勢態度，卻造成出版社經營及財務的龐大壓力。有些出版社為了因應這些現象，在出版時在編排及定價上做了手腳，即高價賣紙張，以方便連鎖書店討價還價。」（吳田，2007）唐山陳隆昊表示，這就是「價格槓桿的原理」，不在定價上反映，就會有所虧損。**這也反映出書店在乎的是「折扣」高低，而非「定價」高低。**時報陳俊斌指出：「書店不會希望價錢低，因為價錢低他們賺得也少。」同時，書店之間的競爭激烈，出版社面對不同書店時，必須要處理得宜。陳俊斌表示：「他們會很在意誰家的價格比我低，贈品比我好，讀者就會跑去那一家買。所以如果在各個通路之間，你給的折扣或贈品沒有取得一個平衡，也沒有處理得很圓滿時，你可能會被通路抵制某個商品或某本書。」

　　在與書店的溝通上，有幾點是值得討論：

（一）議價方式

　　由於通路處於強勢地位，出版社在議價的空間上相對薄弱，尤其是對下游的銷售點，有時候是無可奈何的。尤其是文學類書籍，由於其較感性、非實用及替代性較高的特性，在議價上更顯

弱勢。秀威宋政坤指出：「一般合約簽訂好，就是定案了。除非是大量採購，大量採購會有3%到5%的議價空間，照銷售量來決定折扣。」

很多出版社都不太會跟通路議價，一開始決定了價格就不太會改變。時報陳俊斌表示：「一家出版社與一個通路的供貨折扣是固定的，希望加強行銷的書則是一本一本討論。如這本書變成推薦書或是在書店中有個什麼樣的文宣品，就可以多引起人家注意。書店不會白白為你做這件事，所以你希望書店幫你做愈多東西，你就要讓這本書賣得愈便宜。這都是要在一開始議價清楚的。你希望主推那一本，通路接不接受，都要雙方達成共識。如果OK，那這本書就會有不同的身分，它在書店的曝光率也會變高。」

但在書籍的定價上，有些書店會給予出版社建議。聯經陳秋玲指出：「如誠品、PAGEONE、紀國屋等書店，一本書400元，消費者買得起。但一般書店的讀者，可能只接受350元以下的書。」出版社和書店議價的空間雖然不大，但因為每個案子中，彼此釋出的資源不同，給予的折扣可能也不同。高寶黃淑鳳指出，雖然一般都依照合作內容擬訂合約書，但交易條件視乎供需雙方的談判與意願。麥田業務沈昭明也表示，目前出版社對不同的通路，議價方式也不同，如出版社給誠品的折扣，與出版社給別的書店的折扣可能就不同。

如皇冠剛推出《哈利波特》時，在新學友書店的價格是76折，在網路書店的價格是79折，但給其他實體通路為9折（王祿旺，2005）。二魚謝秀麗認為：「主要是看我們要不要接單，主動權在我們手上。假如說這本書很紅，他們要來下單，那可能就不會把折扣降低。如果是我們主動的話，他們有基本的標準，但也會視個別的差異。」

為什麼書賣這麼貴？——臺灣出版行銷指南

另外，大型出版社與書店洽談折扣時則較具優勢，聯經陳秋玲即以李開復的例子說明：「如李開復第一次來臺灣，沒有人知道他是誰，只知道GOOGLE。他來臺灣演講4場，我們帶他跑北中南，吃、住、交通、上通告等等費用，花了近30萬……宣傳費這麼龐大，案子給通路看，他們一定會幫你放最好的位置，因為你願意幫這本書做這樣好的宣傳。」又如皇冠的書籍在金石堂營業額中，很多都銷售額最高，因此成為金石堂最大生意夥伴，皇冠因此有條件訂下「不接受退書」的規則（莊麗莉，1995）。

（二）結帳方式

出版社或經銷商與書店的結帳方式分為四種，即買斷制、寄售制、月結制與銷結制。買斷制即書店先支付書款，把書籍買回。本土書籍除言情小說外，很少以買斷制方式結帳，反而是進口的外文書籍及進口的大陸書籍常見這種方式（王乾任，2005）。寄售制指的是：「零售商未銷售出去的庫存部分，供應商需提交相對現金買回庫存，但庫存仍放在零售商手上繼續銷售。」（張豐榮，2008）

月結制是常用的結帳方式，指的是：「書店每個月從出版社或經銷商進貨數量，扣掉每個月退貨給出版社或經銷商的數量，進貨減退貨後，若帳款數字為正，書店支付支票給經銷商或出版社。若帳款為負，則要求經銷商或出版社開票給書店，或者詢問下個月出版計畫，是否有新書推出，可以沖銷負數帳。」（王乾任，2005）此即「進書即開支票給供應商」，這種方式對上中游的出版社及經銷商較有利，對下游銷售商不利。原因是出版社資金得以流通，但書店以此方式結帳，書籍進退貨問題處理麻煩，容易造成成本浪費及對實際銷售沒有幫助（黃國治，2008）。另

外，月結制也易養成出版社「出書換錢，以書養書」的心態，並造成高退書率。

因此，金石堂在2001年開始，漸漸強勢改以銷結制方式結帳。銷結制，又稱銷轉結制，即銷售轉結款。「銷售轉結款就是書店根據書籍實際銷售狀況，結帳給中上游，書店不再針對進貨進行付款，而針對進貨實際銷售狀況，結款給中上游。」（王乾任，2005）即書籍賣出去再開支票。銷結制與寄售制十分相似。寄售制的庫存所有權為供應商（出版社）所有；銷結制的庫存歸零售商（書店）所有，由零售商每年固定盤點，在一定比例內的庫存損失由供應商負責，隨時可以退貨（張豐榮，2008）。銷結制好處是書店可以降低庫存成本，門市的存貨成本將由出版社全部負責（陳穎青，2008）。因此出版社必須要面對市場壓力，不能再有「出書換錢、以書養書」的投機心態。但出版社也會質疑，書店的銷售數字是否精準、書籍受損及庫存問題等書店該如何處理（王乾任，2005）。

目前雖然出版社與書店仍以月結制為多，但也有些書店漸漸也改為使用銷結制，出版社對不同的書店採取不同的制度。麥田業務沈昭明指出，如出版社與金石堂採用銷結制，但與別的書店可能就使用月結制或別的制度。如誠品在2008年也跟隨金石堂作法，要求從月結制轉為寄售制。「如果銷結制全面實行，書店要承諾四點：第一，書店的銷售資訊要透明；第二，庫存歸屬要釐明及容許所有人自由調動；第三，失竊責任歸屬要由通路負責；第四，票期應更短及折扣要提高」（陳穎青，2007）。但書店卻不一定接納出版社的要求，帳款問題已成為出版社與書店嚴重的紛爭，如2007年發生了凌域金石堂事件，原因即為金石堂書店要

採用銷結制，但如庫存管理等問題並沒有與經銷商凌域妥善處理，因此雙方發生嚴重爭執。

月結制與銷結制各有優劣，如秀威宋政坤表示：「前些日子有連鎖書店因為銷售結帳模式的認知不同，而與部分通路商有衝突，不過那是因為產銷結構發生問題，我們認為如果不改變彼此原有的出版銷售模式，恐怕很難改變衝突。」其實大部分的出版社的要求，只希望書店可如期付款與權益受到保障而已。二魚謝秀麗表示：「通路和出版社是拍擋、雙贏的關係。一定不可能是他們賺很多，我們賺很少。之前有發生過跟金石堂認知不同的事件，我們的總經銷那時選擇退出，但現在又恢復往來。其實沒有所謂衝突，只是要賣或不賣的問題，只能互相體諒囉。」但唐山陳隆昊指出：「有些書店不太遵守規則，有時簽約歸簽約，後來又會殺價。另外，如付款方式上，出版社當然想愈快結帳愈好，可是有些書店有時總會拖。但因為現在是以通路最大，所以很多時候我們只能屈服。」

銷結制的實行，對整個出版產業產生很大的影響，包括市場上更致力於暢銷書的行銷，因此對長銷書的生存，造成一定的壓迫（王乾任，2005）。整體而言，通路將可能改變編輯選書標準。另外，許多出版社也朝「非店銷」業務發展，如在2007年商周邀請村上隆來臺演講，並為了配合演講出版相關書籍。但該場演講票價最高有上萬元，並結合異業如手機、汽車等廠商行銷（黃國治，2008）。「演講為主、書籍為輔」的行銷型態，在出版社中也逐漸產生。

但銷結制也有好處，就是使出版社精益求益，講求實力。如聯經陳秋玲認為，在凌域金石堂事件之後，聯經找到更有效與通路溝通的方式，就是要加強出版社本身的實力。「如今天主打

的書籍是《魔戒》，通路的訂量一定很大，氣勢這麼好，如果少給，他們甚至會抱怨。所以出版社一定要有實力，好書大家都會搶。」「一切問題都在於銷售。因為銷售發生變化，制度才跟隨改變。出版社想要改變目前處境，應朝企業化及專業化發展，因為只有企業化能夠把經驗跟資源累積在組織內部，而也只有企業化才能跟社會的金融系統接軌。」（蘇拾平，2004）最成功朝企業化發展出版社是時報，其早於1999年股票上櫃，也是臺灣唯一上市的出版公司（蘇惠昭，2008）。

（三）擺放位置

　　書籍的封面設計較活潑及具特色，在行銷宣傳上較容易操作。另外，在書店也較能占優勢位置。而書籍在銷售商店中的擺放方式，絕對會影響其銷售量。相關研究指出，消費者會因為「書店陳設」進而想要購買文學類的暢銷書籍（黃靖真，2004）。書店通常會在入口處放置最受歡迎且足以代表書店定位取向的主力商品，而愈裡面的空間則會放愈專業性的書籍（王祿旺，2005）。

　　大部分出版社都會在新書上市前，到書店作簡報及協調擺放方式。高寶黃淑鳳表示：「在發書日前須有前置的宣傳作業期，這就包含跟通路的陳列擺設位置溝通、文宣曝光、操作進貨量等，都是每本新書在跟讀者見面前就需要的流程。」爾雅隱地表示，要爭取好的位置，「就是要把自己的折扣降低，去跟人家談。」二魚謝秀麗表示，書籍在書店的擺放，書店有主動控制權。有些書店有所謂的上架費，像要在金石堂有些門市的櫥窗陳列書籍即是如此。九歌陳素芳指出：「我們在談時，很可能這本書折扣會比較低，或是用租位置的方式。出版社覺得那本書能

賣，才會付出這樣的代價。好位置就是有點像權利金，是要付出代價的。」

時報陳俊斌則指出，在擺放位置上如誠品有「誠品選書」、金石堂有「強力推薦」等，這些都是由書店內部決定的。讓通路感受出版社對這本書的重視是最重要的，如每個月雖然都有新書會報，但若重點書籍，出版社會主動約時間去拜訪書店。「如果是很重要的書，時報都是主編帶企畫去說。有時候業務的主管及總編輯等都會親自出馬……我個人就拜訪過非常多次，主要是要拜訪對方的採購。」格林張玲玲指出，因為出版的新書眾多，放在平臺上一兩個禮拜後，如果賣不太好，書店就會把書撤下來。

九歌陳素芳點出：「我們在做行銷時，它的失敗率有70%，是很高的。我們做10本書的行銷，只達到3本比較有成效。但不管達不達到效果，在這個時代，行銷就是必須要做。即使失敗，也必須要嘗試去做，否則就不用做了。如果一本書內容很好，但別人看不到，這也是不成的。你不能說要等待知音，知音是不能等待的，這是一個必須尋找知音的時代。」

一本新書想要爭取好的擺放位置，除了與書店建立密切關係外，更重要的是，出版社及產品本身必須具有一定實力。遠流王品指出：「現在是一個靠實力的時代，關係不是那麼好用。如果你有很多成功的實例，你就可以跟書店保證，新推的書可以賣得很好，而銷售量也有做到的時候，你就可以要到好的位置。」時報陳俊斌表示：「新書基本上都會有放平臺的時間，以時報這樣規模的出版社，它的書幾乎都可以放到。有些規模比較小或銷售成績比較不突出的出版社，不一定有這種待遇。」聯經陳秋玲表示：「如果是強推書，通路可能要求前三天就要進到倉庫了。他

們希望在新聞媒體報導時，就可以在書店看到書了。很多讀者一看到新聞宣傳就去買了，為了搶第一時間，書籍上架，一定要提早。」唐山陳隆昊認為：「如作家名氣大、書可以很暢銷，書店就自然而然把他的書擺在好的位置。另外，書本身實力也是很重要，像《海角七號》，有自己的專櫃，放小說，劇本跟DVD等，只要夠有名，書店有時連折扣也不敢太計較。」

但也不一定每家出版社都會積極爭取擺放位置，如爾雅就是屬於比較被動的出版社，很少主動與通路聯絡。隱地表示：「我們比較講究書的品質和內容，合乎我們標準，我們就出版。至於賣得好不好，爾雅向來順其自然。」二魚謝秀麗也表示：「我們跟別的出版社不太一樣，我們的書主要是長銷書，比較沒有期限，偏生活用書多。如果那本書很紅，像讀者的詢問率很高等，書店就會主動幫我們擺在好的位置。我們是屬於比較被動的出版社。」

陳隆昊則以唐山書店為例指出：「陳列書籍也是一門學問，該如何有效利用空間，成為很大的煩惱。進貨的書一定要好好觀察銷售量，才能定出一個前置量，才不會讓好銷的書產生空窗期。」

而通路該是產銷分離還是產銷合一，目前仍爭論不休。有些出版社認為，產銷分離才能達到完美的分工。但有些出版社則認為，產銷合一才能完全掌握市場的動向。不管那一種方式，「溝通」才是最重要的學問。目前通路具有較佳的優勢，出版社相對的必須加強自身的實力，實力不在於「大」（規模大小、資金多寡），否則易變成財大氣粗；而在於「勤」，專注勤奮在書籍編輯上，勤奮積極與通路多溝通及勤力聆聽讀者的需求。最好的例子是有些出版社是「一人」出版社（即員工很少，幾乎都是由一人包辦的出版社），但每年卻都能交出漂亮銷售成績單。只有勤勉的出版社，才能在目前景氣不佳、出版業優勢不再的時代，繼續生存。

出版的通路可分為產銷分離與產銷合一。在出版社的通路中，包括經銷商、店銷、學校圖書館及特殊通路等。經銷商近年來愈來愈難經營，面臨不景氣及「去間化」威脅。原因是景氣低迷、新書量過多及結帳制度失衡等問題。有些大型經銷商選擇與同業合併，以求降低成本及提升行銷效能，如聯經與農學社兩大圖書經銷商，便在2008年合併成立聯合發行股份有限公司。

店銷泛指店面的銷售，包括書店、大賣場及便利商店等。出版社最大的通路是書店。書店分為實體書店與網路書店，實體書店又可分為獨立書店及連鎖書店。其中連鎖書店具有銷點多、空間舒適、書籍陳列講究、企業化管理，以及折扣優惠等優勢，與網路書店擁有便捷性、隱私性高及價格便宜等優勢，兩者漸漸有壟斷市場的趨勢。而量販店與便利商店選書標準有別於一般書店，主要以暢銷書、大眾文學及生活類書為主，量販店及便利商店可獲得比一般販售商更低的折扣。

學校圖書館也是書籍最常銷售的通路之一。學校選書方式通常透過校方選定認可、老師指定推薦、或學生意見傳達等等。特殊通路包括出版社自身兼為門市；又或採取郵購、直銷方式，以及租書店、拓展海外市場及組織的銷售等通路。

目前臺灣的出版社與通路之間關係並不平等，自從連鎖書店崛起，以及博客來網路書店與7-ELEVEN合作後，通路逐漸主導市場。在「出版社與經銷商」之間，必須要建立良好的溝通方式，才不致造成如倒帳等風險。而出版社與經銷商最常採用的結帳方式是月結制。

在「出版社與書店」之間，目前通路是主導的一方，最重要的關鍵是連鎖書店與網路書店漸漸壟斷銷售市場，出版社在議價的空間上相對薄弱。出版社或經銷商與書店的結帳方式分為四種，即買斷制、寄售制、月結制與銷結制。月結制是常用的結帳方式，但從金石堂強勢改以銷結制方式結帳，銷結制也漸漸流行。目前出版社對不同的書店採取不同的制度，但帳款問題已成為出版社與書店嚴重的紛爭。出版社想要改變目前處境，應加強本身實力及朝企業化、專業化發展。而書籍的封面設計較活潑及具特色，在行銷宣傳上較容易操作，在書店也較能占優勢位置。書籍在銷售商店中的擺放方式，絕對會影響其銷售量。

為什麼書賣這麼貴

促銷萬歲

　　一般而言，出版社在討論整體促銷策略前，會先釐定整體行銷的方針。如秀威的行銷方式非常清楚，就是以網路為主，因此網路成為其促銷主力。九歌則以不同的子公司作不同的路線區分，其中九歌負責純文學出版，以「好的書就是要出版的理念」，出版文學類書籍。但在資源投入上，則希望「走比較長期的路線」，在選書上，近年來標準十分嚴謹。由於九歌在產品（書籍）選擇上，已有一定的把關，所以在整體的促銷策略上，焦點更加可以集中，較不會浪費資源在不必要的促銷方式上。

　　麥田林毓瑜認為，在促銷前要思索「這本書的作者想要跟誰說話。讀者在那裡？」再決定該運用那些促銷方式才是最有效的。例如遠流的理念是「把作者經營成明星作者」，把「經營一本書擴變成經營一套書」（蘇惠昭，2008）。而皇冠則秉持「我們因為尊重大眾而贏得大眾」的信念，在大眾文學上努力投入資源，如主辦「皇冠大眾小說獎」（葉雅玲，2008）等，因此也建立其大眾文學出版重鎮的形象。

　　又如二魚以「勇於嘗試」為其促銷策略的最大特色，謝秀麗表示：「在我不懂什麼是行銷時，行銷反而做很好。而我慢慢懂了之後，卻沒有原本那麼好。因為在我不知道時，我會去揣摩，各種方式都勇於去嘗試」。二魚在行銷上，不斷發掘各種出版及行銷的可能性，讓其在促銷手法上，顯得相當創新。例如2009年

政府發放消費券，他們即搶先機舉辦「消費券買書超划算」的特賣會等。所以一家出版社的出版或行銷理念，對其採用什麼樣的促銷方式有很大的影響。

在促銷策略目前最大的趨勢就是「整合行銷」。以聯經來說，業務部獨立出來成立「聯合發行股份有限公司」，其內部更設立「整合行銷室」進行整合行銷活動，陳秋玲表示，整合行銷分為把握機會、跨媒體合作、通路配合、行銷活動及媒體宣傳等幾個部分，如《魔戒》便是採用整合行銷方式促銷，成效非常好。又如遠流社長王榮文於2008年取得華山藝文特區的經營權，華山可視為一種新行銷載體，紙本、數位、空間將成為共同的行銷平臺，這是跨媒體行銷的重要里程碑（陳信元，2008）。

除了「整合行銷」外，出版社也可以採用「促銷組合」方式，刺激讀者消費慾望。促銷組合包括廣告、公共關係、人員推銷及銷售促進（王祿旺，2005）。時報在行銷手法上十分靈活，分為媒體企畫、通路企畫及活動企畫三方面進行。媒體包括報紙、雜誌、廣播、電視及網路等；通路包括店銷、海外市場、團購、郵購、網路銷售及人員直銷等等；活動包括新書發表會、演講會、讀書會及徵文等等（莫昭平，2006）。

4.1 創意——促銷的核心

書籍的促銷方式非常多元，特色之一是可以結合電視、廣播及電影等媒體行銷，其中以翻譯小說促銷方式最成功，聯經陳秋玲分析：「因為它們的全球版權公司有在做經營，它在賣的時候，已經告訴我們，那一本書是紐約時報第一名。它的新聞宣傳一出去，媒體如電視等就開始追，媒體有時更在比賽，看誰報導多。」

由於外國媒體的加持與很多讀者的崇洋心理，使翻譯小說起跑就占盡優勢。促銷活動其實就是「打書」活動，通常是由出版社的企畫人員或行銷部門負責，也有一些小型出版社是由編輯兼任（孟樊，2007）。**在「打書」時，時機是非常重要**。時報陳俊斌指出：「如果你這本書很好，同時又出來一本很強的書，就會削弱你的競爭力。如現在你有一本少年小說很好，但《哈利波特》要上市，誰敢跟它拚檔期，大家就會退。或是丹‧布朗要出新書，大家可能打聽好了之後，就不要跟它排在同樣的時間，除非是類型完全不同。」選錯時機出版，成功機率大大降低。

一般而言，書籍的促銷途徑分為五大步驟，如圖4-1。

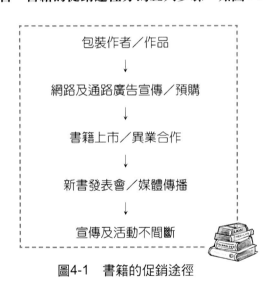

圖4-1　書籍的促銷途徑

　　第一步驟是「包裝作者／作品」，例如在書籍的封面或封底設計文案，以及廣告文宣上詳述作者的背景、作品的得獎紀錄、

價值等等，翻譯書籍尤其常用。第二步驟是「網路及通路廣告宣傳／預購」，網路及通路廣告宣傳包括發送紙本或電子試讀本，在網路如出版社網站及部落格等宣傳；通路宣傳如張貼海報及發送DM等宣傳；此時開放讀者預購，以低價吸引消費者購買，目前很多出版社的新書預購多是75折。第三步驟是「書籍上市／異業合作」，書籍上市可以配合異業合作，如文學書籍可搭配電視劇、電視等上映作宣傳。第四步驟是「新書發表會／媒體傳播」，書籍出版以後配合強力宣傳，如以新書發表會等吸引媒體報導。第五步驟「宣傳及活動不間斷」，依據讀者的反應進行一波又一波的宣傳，藉以刺激銷售量。

接下來將說明新書發表會、媒體放送、新科技傳播及廣告宣傳等重要的促銷活動。

新書發表會

這裡的「新書發表會」採取廣義的定義，包括記者招待會、作者簽書會及演講會等都包含其中。新書發表會主要目的是打響知名度、吸引媒體報導、宣傳、刺激讀者消費等。作者通常以本土作者為主，外國作者因為交通及住宿等等問題，出版社在費用上難以負擔，因此很難特地為外國作者舉辦新書發表會。而新書發表會常配合簽書會進行，或以座談會及演講等方式舉辦。新書發表會通常包括「記者招待會」，主要是讓作者暢談新書的內容及特色，藉此希望獲得更多宣傳機會及刺激銷售量。

新書發表會最好是新書出版之後的一周內舉辦，理由是：「太早發表，書還沒上市，讀者買不到；太晚舉行，宣傳時效已過，炒不起來」。而且要看準時機，因為幾乎每家出版社都會舉辦新書發表會，因此很容易讓各家的活動有所撞期，記者當然以

重要或具話題性者為優先。故事先打探競爭者的動向,是十分重要。(孟樊,2007)

在新書發表會中,主要是邀請出版或文教線的記者來採訪,假如發表會以座談會或演講方式進行,會吸引更多讀者來參加,更可以配合新書優惠的銷售促銷,達到刺激銷售的實際效益。新書發表會的形式有各式各樣,「除了傳統的招待會、演講會、座談會形式外,也把發表會辦成像酒會、餐會、劇場一樣,場地甚至換成PUB,或者到作者家裡喝下午茶」(孟樊,2007)等等。如果遇上人氣很高的作者或作品,發表會、演講會或簽書會還不只一場,以《魔戒》為例,聯經為其舉辦了「一場新書發表會、3場演講、10場書店巡迴簽書會、華納首映時,為托爾金慶生、臺北國際書展設立《魔戒》館、譯者朱學恆簽名等等的行銷活動。」

有些出版社也會在自己的書店舉行新書發表會。秀威宋政坤表示:「我們在松江路有一家國家書店,曾辦過一場推理小說的新書發表會。這有跟推理部落格結合,效果不錯。那本書是朱文輝的《洗錢大獨家》。銷售有因此提升,如發表會現場就帶動不錯的買氣」。爾雅也會在爾雅書房不定期辦活動,希望可以吸引讀者參與,並且促銷書籍。唐山陳隆昊表示:「有些詩集也會在一些特別的場所發表,曾經有一位詩人是金門人,我們因此得到縣政府的支持,在金門辦了一個新書發表會,當時縣政府也動員鄉親來參加,很熱絡。」所以他認為:「書的促銷,有時候是跟作者或書是否在特定場所、或有沒有特別的關係及背景等等有關。」

作者簽書會另一個好的時機是在書展期間。書展本身的作用,就是在促銷、吸引人潮及新知傳遞。而近年來「書展本身的內容與形態變得更為多元化,譬如大師級作者的演講便成為書展

的重頭戲之一，如圖書獎或插畫等項目的競賽、暢銷作者的簽名會」（孟樊，2007）等等。

　　書展在出版行銷上，最能達到「銷售促進」的功能。以臺北國際書展為例，為期約1周左右，分為3大館，活動將近200場，每天新書發表會、座談會、記者會及演講場次不下10場，吸引相當多人注目及參加。如聯經除作者發表會外，更邀請藝人、團體等作表演，吸引大量人潮，達到促銷的效益。

　　在書展舉辦新書發表會，好處是除了帶來大量人潮，衝高新書的銷量外，也可以增加該出版社的曝光率、以及刺激其他書籍的買氣。如蔣勳《生活十講》一書，適逢2009年臺北國際書展期間發行，聯經為他在書展中舉辦了一場名為「內在自我的求索──讓蔣勳帶我們追求自我之美」的演講會，演講會結束後，蔣勳立即從演講場地移至聯經出版社進行簽書會。聯經當天是趕印新書當場發售，演講會日期為2009年2月7日，但新書出版日期其實是2009年2月14日。而演講結束後，移至出版社攤位舉行簽書會，也是促銷策略之一。一來省去出版人員把書籍搬來搬去的麻煩；二來藉由作者的高人氣，讓讀者「主動」走到出版社攤位，不但是要簽名，還刺激作者的新書銷售。尤其該書當天才出爐，想要得到蔣勳簽名的人，一定會立即購買。同時使用低價等策略，連帶也刺激作者舊書的銷量。而攤位中其他作者的作品，也有機會被讀者垂青甚至購買。書展的攤位眾多，要讓讀者「到內一遊」，各家出版社花招百出，演講兼簽書會是個很好的方式。

　　但新書發表會最重要的元素是作者本身。有些作者表達能力很好，適合舉辦發表會，座談會及演講等等，好處是更容易拉近與媒體、讀者的距離。但如果是比較不擅言語的作者，只要內容夠好，有一定的讀者，即使只有簽書會，也可以達到宣傳之效。九歌陳

素芳指出：「最好的促銷方式是作家自己去談，這樣可以造成話題。如果辦座談會，要看辦起來有沒有人要來聽，來聽的是什麼人？如果有記者來報導，就可能會有效。如果是知名作家，他出新書，當然會帶起風潮。如果是個名不見經傳的作家，辦簽書會根本沒人來簽，那你要怎麼辦？所以很難說簽書會是保證，也要看作者有沒有條件來做。他是不是一個夠吸引人的作家，讀者也對他是否好奇。好的宣傳方式，主要還是看人及作品有沒有特色。」

很多書籍會以作者簽書會形式舉辦，原因有二：第一，作者本身的創作動機，較易引起矚目及大眾期待的「八卦心理」。如李昂在1980年代出版《殺夫》，當初社會風氣不如今日開放，其創作動機及牽涉的社會問題，引起極大的爭論。李昂本身也是一位擅於表達己見的作者，具有一定的話題性。因此，書籍上市即十分轟動，也成為不少媒體或評論家爭相討論的對象。但也有例外，如教科書、科學類及法學類叢書等等，作者的創作動機就較不易引起大眾的注目。如果要舉辦新書發表會，話題性相對少。

第二，作品本身若具有情感性，較可以多方向討論，也容易吸引讀者，或引起共鳴。以文學書籍為例，最大的特色是較有情感取向，但情感是屬於較感性及個人的感覺，因此容易引起不同的討論面向。如張愛玲《惘然記》中的〈色戒〉，有些人認為是在談男女私情，有些人則認為是民族大義的描繪，有些人認為是漢奸的故事，有些人則認為是在談可憐女子一生等等。對文學作品詮釋不同，討論的面向也不同。所以在包裝上，文學作品更容易凸顯話題性，並引起讀者討論、或共鳴性。新書發表會、座談會或演講是促銷最佳的方式，透過作者對書籍的詮釋，或是與媒體及讀者互動的過程中，讓新書受到熱烈討論，書籍也可因此得到廣大的宣傳。

媒體放送

媒體包括平面媒體，如報紙、雜誌等；電子媒體，如電視、電影、廣播等；以及網路媒體，如網路書店、部落格、影音網站等。在「促銷組合」中的公共關係，指的就是「出版社利用傳播的手段，促進出版社與公眾之間的相互認識與了解，樹立出版社的企業形象，使出版社與公眾之間能建立起良好的關係。」（王祿旺，2005）媒體便是出版社與公眾之間建立關係的最佳傳播橋樑。

在1990年代前，書籍最常在報紙、雜誌、廣播中宣傳及報導。另外，也常被改編成電視、電影等上映。如1960、70年代，當時廣播是重要的娛樂之一。「當時盛行運用廣播界的力量與特色，將書與廣播結為一氣。以語言、背景音樂搭配，帶來聽覺效果。」如純文學出版紀剛的《滾滾遼河》，即被改編為中廣公司、復興廣播電臺等的廣播小說，後來更改編為中視的連續劇（汪淑珍，2006）。

1990年代之後，網路的興起成為書籍另一個促銷的管道。有些書籍（如文學書籍）具有可以被改編為戲劇上映的優勢。書籍配合改編的戲劇（或電影）上映，對其進行促銷，可以得到幾個效益：

第一，知名度大增。由於現代人閱讀習慣的改變，很多人選擇使用電視及網路作為資訊吸收的管道，當消費者在螢幕上看到改編的戲劇時，也可能會有興趣找原著來閱讀。如李家同《讓高牆倒下吧》中的〈車票〉，故事內容感人，公視把它拍成戲劇播放，在網路上形成熱烈討論。聯經陳秋玲表示：「很多人就算不買書，也知道這個故事，知道這個故事在這本書中，他就會想買這本書，因為一篇好看，大家都會認為其他篇也會一樣很好看。」此書大受歡迎，聯經後來更把它改編成繪本出版。

第二，免費宣傳。在媒體上登廣告價格是相當昂貴的，並不是每家出版社都可以負擔。出版社在媒體上宣傳的方式，通常會選擇辦

活動如上述的新書發表會，邀請記者或發新聞稿給他們，被動等待媒體的報導。但媒體最關心的是話題性，臺灣每個月都出版3000多種新書，各出版社每個月舉辦好幾場的新書發表會，記者可能每天收到好幾十封的宣傳新聞稿，如果內容沒有特色，與別家出版社相似性太高，就很難被挑選報導。如九歌出版陳若曦的《堅持・無悔》，《聯合報》曾把其刊登於第一版，因此引起很大迴響，該書銷售非常好。但九歌陳素芳指出：「能不能見報，不是我們決定的，是報社決定。他們覺得這個話題很值得報導，才會放在頭版。」

但如果是作品被改編成戲劇，則可以達到免費登廣告之效。同時，由於戲劇高成本及人力的投入，話題性也相對高，出版社不用花太多心力，媒體也會主動報導。如瓊瑤系列的作品，就是作品改編成戲劇很成功的例子。「自80年代以來，瓊瑤的主要影響力來自於電視而非小說。」（林芳玫，2006）只要有瓊瑤的連續劇重播或重拍，其原著作品也會再一次得到媒體的免費宣傳，出版社只要配合上映的時間，印製電影或電視封面版的小說發行銷售，即可獲得不錯的銷售量。

第三，拉近與讀者距離。作品被改編成戲劇後，較容易為讀者所認識。如李安把張愛玲的〈色戒〉改編成電影上映後，造成熱烈的討論及很大的迴響。即使未看過原著的人，對其故事內容也可能了解。又如金庸的武俠小說系列，一再被翻拍成電視及電影，在口耳相傳之下，主角如郭靖、黃蓉、楊過、小龍女、張無忌及趙敏等等名字，很多人就算沒有看過小說，也都耳熟能詳。

第四，異業合作。出版社與媒體是最好異業合作夥伴之一，主要因為作品可被改編成電視。時報陳俊斌表示：「出書時間跟電影差不多，就跟電影公司談，一開始就能和電影海報用同樣的元素。電影先出，再出書，也是要去跟電影公司談。」

如果雙方洽談合作成功，出版社就可以進行一些促銷優惠方案，尤其是可以隨書上市，刺激消費者購買。如聯經《魔戒》出版時，就配合電影宣傳，除了封面為電影主角封面外，更「提供1000張電影票、200張海報、限量的明信片、DM、馬克杯等等給讀者。」又如皇冠積極投入瓊瑤小說的電視製作，如在1967年與1976年成立火鳥及巨星影業公司，拍攝瓊瑤小說改編的電影。1986年自製瓊瑤電視劇達22部。皇冠也採用整合行銷方式，利用自家雜誌作多方面宣傳。如讓電視劇男女主角成為《皇冠》雜誌的封面人物，劇照輔以文字成為專欄，在紙上演起無聲電影。皇冠將瓊瑤小說結合雜誌、圖書出版與影視等異業合作，達到最佳的宣傳效果。

　　第五，銷售提升。高寶黃淑鳳指出：「書籍躍上商業舞臺成為大螢幕改編劇情的最佳劇本……像《穿著PRADA的惡魔》、《藝伎回憶錄》等，都是創口碑且電影賣座，使書籍也再次拉抬銷售的很好範例。這二本書籍都是書籍先發後才有改編電影上映，對讀者而言書籍看過自然對電影會有期待，若是先有視覺享受，也會有想要啃讀文字的閱讀樂」。又如聯經出版的《魔戒》，在2000年搭配電影上映宣傳，一年多就銷售上百萬冊，還一度因為紙張不夠，市場出現斷貨的現象（徐開塵，2008）。

　　而**作品可以被改編成戲劇上映，且受到歡迎的作品，多具有三大特色：包括第一，作品已有一定的知名度。第二，內容好看。第三，貼近大眾經歷或想像**。很多知名的作品，如《三國演義》、《活著》、《香水》及《哈利波特》等等，都是已經有一定知名度，才被改編成電影。而這些作品的內容也是很好看，如情節很精彩、故事很動人或人物很有趣等等。最後，這些作品也是貼近大眾經歷或想像的，如《三國演義》中人物之間的七情六

慾、忠義仁愛孝等情感的流露及矛盾等，都是很貼近大眾的情感經驗。又像《哈利波特》，裡面的魔法學校、各式各樣的魔法及冒險歷程，也是符合人們的想像力。另外也有作品是先有戲劇，再有改編的書籍等，如一些流行的電視偶像劇等。

在媒體行銷上，不管有沒有被改編成電視劇或電影的新書，最重要還是找出話題性。秀威宋政坤指出：「每天出版那麼多書，報導的版面有限。」書籍要讓更多人知道，必須要更加努力。九歌陳素芳表示，「如要多上各種媒體。但媒體也有分類，如報紙，它對文學會比較喜歡。電臺的話，他可能是比較喜歡養生、兩性、話題、教育等等類型」爾雅隱地也表示：「早期報紙文化版，幾家副刊會為爾雅刊一點消息，或登一些書評。」但現今報紙副刊行銷效益大不如前，麥田林毓瑜表示：「我們很少在報紙登廣告，但雜誌倒是會」。

不同屬性的媒體，刊載方式也不同。平面媒體常用廣告或報導方式；電視媒體常以作者專訪或暢銷書籍介紹方式；網路媒體由於沒有空間的限制，刊載內容可能是最完整的。除了報導外，網路媒體還可對作者及書籍作相關介紹、評論意見等等，如博客來網路書店等。由於媒體在整個行銷活動中占有很重要的地位，因此與媒體建立良好的互動是必要的。

「出版社與媒體關係的好壞，成為促銷成敗與否的關鍵」（孟樊，2007）。如謝秀麗表示，二魚具有競爭優勢之一，就是媒體人脈的累積。「我跟另一位老闆焦桐都是從媒體出來，所以有認識一些媒體朋友。因此，二魚的書曝光率會高一點。」包括作者在內，都是謝秀麗及焦桐「慢慢累積了十幾、二十年的人脈及經驗。」在二魚出版社經營上，大派用場。但她也指出：「但曝光率高，不等於會賣得好。讀者還是很聰明，書的暢銷不暢

銷，還是要回歸書的內容。」高寶黃淑鳳認為，「在媒體上曝光，是否能在書籍銷售上得到很大的效果，就有待觀察了。」九歌陳素芳也指出：「還是要看個別的影響力，如電視宣傳，還是要看這個節目有沒有人看，如果沒人看，當然沒有什麼話題。」除非是已經成為一個很熱門的話題，很多媒體爭相報導，這本書就一定會成功。

新科技傳播

在書籍促銷上，新科技已經成為不可小覷的力量。新科技中以網路行銷及數位出版的建置這兩大類，在書籍促銷上最受到矚目。網路從1990年代開始盛行，至今雖然短短20年不到，卻已經改變了人們的閱讀習慣，很多人都習慣從網路搜尋資料及閱讀，最成功的例子是1995年成立的博客來網路書店，至今已成為臺灣營業額最好的書店之一。出版社與實體書店也紛紛跟隨成立網路書店，如唐山陳隆昊表示，未來會順應潮流朝電子化邁進。「有些書賣不動，然後就堆在倉庫裡，很浪費成本，尤其是像我們這種小出版社更是需要電子化。」他希望未來「可以把唐山網站，打造成一個虛擬的書城，把所有書目建立起來，讓讀者點進來時，也像逛書店一樣。」

在網路行銷上，加強網站、部落格功能，電子報發送及設立讀者俱樂部是目前發展的趨勢。在網站建設上，如「遠流博識網」、「九歌文學網」、「國家網路書店」及「聯經網路書店」等網站的搜尋關鍵字功能、書籍分類及介紹、讀者購買方式、相關資源的連結及應用等等功能，都愈來愈完善。有些經典作者、暢銷作者或重點推薦書，出版社也會為其設立專屬網站，讓讀者對作者或書籍有更全面了解。如皇冠為張愛玲、張曼

娟、侯文詠等設立網站，內容會不定期更新關於最新活動或新書出版等等。

另外，出版社也可以在網站進行預購及促銷等活動。遠流王品以《玫瑰迷宮》為例指出，該書有分為盒裝本與平裝本。在盒裝本中，有贈送的玫瑰迷宮卡。在書籍上市前，希望把書籍及迷宮卡的特色呈現，因此只銷售盒裝本。直到在書籍上市後，盒裝本及平裝本才同時銷售。她表示：「我們每個月在網路上發佈消息，告訴讀者怎麼拚。一直到第三個月，宣傳期也是三個月後，才會公佈答案，希望引起更多的討論。」

很多出版社為了與讀者更密切互動，除本身網站外，另外也成立部落格；或是本身沒有網站，但選擇以部落格與讀者互動。如「獨步文化bubu's blog」、「麥田文學部落格」、「木馬文化部落格」及「唐山書店／唐山出版社」等。唐山陳隆昊表示：「用部落格互動是很好的，最好的狀況是，每本書都有一個部落格，像電影那樣，這樣讀者群就很集中，也可以作為其他讀者買書的依據，如好評如潮，就會想買。」

很多作者也會先在網路如部落格等發表文章，如朱少麟及蔡智恆等人，都是在網路發表文章，大受歡迎後再出書。在1990年代以前，很多作者都是以副刊方式成名，1990年代以後，網路變成很多作者發表的管道。例如蔡智恆的《第一次親密接觸》先在BBS連載小說，受到熱烈迴響後，再被紅色文化出版。該書從1998年至2002年，光是在臺灣已經銷售超過30萬冊，1999年在大陸上市也賣出100萬冊（陳薇后，2002）。網路或部落格的建置愈完整，就更容易吸引讀者瀏覽，增加行銷的機會。

電子報發送也是很好的促銷方式，把出版社或新書資訊不定期地寄給讀者，讓讀者了解新知外，也較容易受到刺激，進而有

慾望購買。如目前秀威最新的活動也是以電子報傳送給讀者，而電子報的發送，有時也讓書籍多銷一、二成。

另外，很多出版社近年來也透過網站，以讀者俱樂部（Book Club）的方式，對讀者進行促銷。讀者俱樂部又稱為讀書俱樂部、圖書俱樂部，指的是讀者只要在出版社網站加入會員，並繳交費用，便可以在規定時間裡，以較低折扣購買一定數量的書籍，並享有相關活動的優惠，即「讀者先付費制度」。以「天下遠見讀者俱樂部」為例，為了迎合不同讀者的需求，設有幾個方案吸引讀者入會，如一年繳交年費2200元，即可在規定時間及一定條件下，選購出版社本身及相關出版社10冊書籍；而一年繳交3199元，可選10冊書及獲得飯店旅館溫泉、午餐券；如果是一年繳交2萬8千元，更可任選1200冊書等等（天下網站，2009）。

除低價優惠外，很多出版社也推出成為讀書俱樂部會員，可定期獲得書籍出版最新消息；獨得某些書籍或贈品；免費參加相關課程及活動；獲得作者簽名書；免郵資寄送以及完整的購後服務如退書等等。網路的發達，讓出版社對於讀者俱樂部運作方式更貼近讀者所需，也可以不用透過通路與讀者直接接觸，讀者也可以從中獲得更優質及便捷的服務。而出版社在讀者俱樂部的行銷上，多針對具有一定閱讀習慣的讀者。因為一般讀者買書多注重內容及是否合乎個人喜好，很少會在乎書籍是那一家出版社出版，因此在對於一般讀者行銷會有些困難。但對於有閱讀習慣的讀者而言，出版社的品牌就相對重要，如果讀者喜愛這家出版社出版的書籍，才會較有意願以讀者俱樂部的方式預購書籍。

數位出版的建置也是當前的趨勢。以秀威為例，其最大的優勢在於以數位出版為發展路線。宋政坤表示：「我們生產工具是透過數位印刷的方式，可以做到即時生產、零庫存。在出版內容

為什麼書賣這麼貴？——臺灣出版行銷指南

上，我們可以達到專業分眾及個人化的要求。透過網路平臺，我們更可以掌握特定的讀者，與他們建立直接、長遠、密切的關係。」他認為：「數位出版是個趨勢，雖然它很難取代紙本，可是它是一個很難擋的趨勢。」又如遠流在數位出版上投入相當大的心力，不管在光碟、網站和資金庫等開發上，在原有的編輯團隊之外，加入新的內容專家、媒體結構專家、電腦工程師、動畫工程師和行銷專家一起合作，希望打造出「多型態、跨平臺、多語種的多媒體出版品」。社長王榮文認為數位出版要成功，必須要「透過同業、異業間的大量合作，結合資金、技術、人才，追求品質、速度、利潤才能創造雙贏的機會」，他希望可以在網路上打造出「沒有圍牆的學校」及建立新學習社群等（王榮文，1998）。

電子書是數位出版最受矚目的一環，電子書指的是儲存內容的載體，是以數位科技為基礎所開發出來的電子媒介與閱讀平臺。即是利用電子媒體之特點，來生產、儲存出版品（王乾任，2004）。「紙本書的缺點在於印製費用、庫存負擔及應收帳款的問題」（薛麗珍，2002）。電子書則可以改善紙本印刷的問題，因此愈來愈受歡迎。例如2007年11月美國亞馬遜網路書店銷售電子書閱讀器Kindle，收納200本書籍的容量，並可上網下載亞馬遜的書籍，雖然售價為400美元的高價，依然供不應求（陳信元，2008）。在2010年，亞馬遜為了刺激數位書籍銷售，與蘋果iPad、Sony與邦諾（Barnes&Noble）等對手競爭，推出兩款新版Kindle配備6吋螢幕，體積及重量縮小，容量倍增到3500本電子書。其中一款更大打「大眾市場」為策略，售價只要139美元，歷來最低價，更引爆市場價格大戰（莊雅婷，2010）。

又像美國最大連鎖書店邦諾一直看好數位書籍的前景，2009年11月即推出自己的電子閱讀器Nook，之後與亞馬遜等業者展開

價格競爭，積極搶攻電子書市場。邦諾自推出Nook以來，在美國電子書市場的市占率由2%躍升至20%。但電子書的出現，對它也造成很大的衝擊，「如音樂市場從CD移到數位下載一樣，消費者逐漸從紙本書籍轉向電子書，也使業者陷入困境」。邦諾在2010年即發表「尋求出售」的驚人消息（于倩若，2010）。

目前臺灣很多出版社也致力朝電子書發展，例如獲得2007年數位出版金鼎獎的「最佳電子書獎」，即是遠流出版的《老鼠娶新娘》繪本電子書。又如聯合報系的聯合線上公司獲得該屆「年度數位出版公司獎」，主要因為其推出的「udn數位閱讀網」及B.O.D.個人出版服務，「首創讀者自行上網操作的線上編排系統，同時可以結合udn城邦部落格」，大大縮短出版流程及費用，讓出版朝向數位化發展（陳信元，2008）。此外，電子書也可以結合網路作行銷。以格林的動感繪本為例，張玲玲表示：「我們把這些繪本做成動畫，再成立一個網站播放。讀者可以加入會員，會員可以免費看一段時間，但是之後要看更多的話，你就要交會費。」宋政坤以政府出版品為例指出，電子書的定價應該是紙本書的40%左右（宋政坤，2006）。

最後，不可不提的是智慧型手機如iPhone、平板電腦如iPad、以及Web 2.0如Facebook的流行，都大大改變了人們的閱讀習慣。智慧型手機及平板電腦讓人們可以隨時隨地更方便的瀏覽資訊，短小、重點式閱讀成為嶄新的流行，出版社也紛紛推出相關的應用程式，這也開創了數位匯流的新趨勢。

Facebook的Web 2.0觀念，以雙向平台概念與人密切互動，只要加入朋友，就可以隨時了解、更新大小事。其操作方便，出版社只要成立Facebook粉絲團，讓讀者來按「讚」，資訊即可以隨時傳送給讀者，成為目前最新也最受歡迎的網路行銷方式。

廣告宣傳

廣告有分為付費廣告與非付費廣告。在付費廣告部分，媒體是主要刊登付費廣告的路徑。但在媒體上刊登廣告價格相當高。在1970年代，《中央日報》一則小廣告一次要200元；在1980年代，廣告少則1萬元，多則幾百萬元。當時在《中國時報》或《聯合報》登一次半版廣告要25萬元（鄧維楨，1981）。在2000年以後，廣告費更是驚人。平面媒體如《中國時報》，廣告費從4萬至50萬不等；電視媒體更是以秒計算，如TVBS，10秒廣告費約3000至2萬等都有；網站如雅虎奇摩入口網站，其關鍵字廣告的起標價，更是依照關鍵字的熱門程度與廣告的品質，有所不同（各網站，2009）。

因此，以一般出版社的規模，很難負擔在媒體登廣告的高收費。除非如聯經有聯合報系集團支援，在早期約1970、80年代，聯經在《聯合報》登廣告是不用付費的，而且相關版面也會配合轉載文章等宣傳。但到了1990年代左右，聯經在聯合報系登廣告，就必須要付費，有7折優惠，如聯經曾幫李家同在聯合報刊登全版的廣告。但這樣的花費也不便宜，除非是重點作者，否則出版社不可能每本新書都大手筆宣傳。

因此，出版社大部分選擇以免費廣告的方式宣傳。免費廣告的促銷效果不見得比較差。出版社常以下方式作免費宣傳：

（一）媒體報導及連載

出版社可以新書發表會等具有話題性的活動，吸引媒體報導。另外也可以與報章雜誌合作連載新書內容。尤其是在1970、80年代，報紙的影響力相當大。如1984年《聯合報》的小說獎得獎作品，蕭麗紅的《千江有水千江月》，在報上連載後，其銷量大為提升，更成為當時熱門的話題（應鳳凰、鐘麗慧，1984）。

蕭麗紅至今也是聯經最為暢銷的作者之一。二魚謝秀麗表示：「像二魚早期有些活動，都登上中國時報……我就是勇於嘗試，主動跟他們聯繫，洽談各種見報的可能性。如連載、新書介紹、活動報導等。這些都是有透過努力的。」出版社也可以用交換的方式與媒體洽談。麥田林毓瑜指出：「比較少用廣告方式，直接以專訪或內容轉載等方式。如果要在雜誌登廣告，多數也是用書的交換，如我們提供20本給雜誌，他們就可以送給讀者。」

（二）自辦媒體

在媒體傳播中，擁有自辦媒體的出版社占有很大的優勢。聯經陳秋玲表示：「行銷方式通常是用自家的媒體來打產品，如商周有商周雜誌、天下文化出版有天下系列雜誌，皇冠也有皇冠雜誌等，他們會有雜誌媒體來推銷自己出版品。」她表示，以聯經為例，聯合報系就是最好的競爭優勢。遠流王品表示：「天下遠見集團，它有三、四支雜誌，新書要上版面，也比較容易。」但不見得每家出版社自辦媒體都成功，如爾雅出版《爾雅人》雜誌，因為成本高，效益不如理想，從雙月刊變成年刊。隱地感慨地表示：「本社曾辦《爾雅人》雜誌，一年出6期。以前《爾雅人》在黃金年代，透過它每期有30、40萬收入。那時《爾雅人》發出去，供需量大。如今《爾雅人》一年只出2期，快要變成年刊。」

（三）自製廣告文宣

除了自辦雜誌外，廣告文宣的發送，也是出版社最常使用的手法。文宣品內容包羅萬有，如書目、書訊、內文試讀、名人推薦、導讀、評論、內容介紹或特色、作者簡介、相關照片等等都有。廣告文宣的形式很多，可以分為實體文宣品與數位文宣品。實體的文宣品有

各式各樣設計，包括大型看板、海報、書目、書訊、DM、書籤、明信片、迷你書及試讀本等等。其中大型看板及海報常見於通路如書店。紙本小型文宣品則多是擺放在通路，如放在書店讓讀者自行索取，或是出版社與通路如書店合作，新書上市前後，由店員結帳時隨購物袋主動贈予讀者，如誠品的「隨袋」等。數位文宣品如電子報、電子試讀本等。以下分別介紹紙本小型文宣品及數位文宣品。

1.書目及書訊

一般書目及書訊多以報紙、小冊子等紙本文宣品的形式設計，很多出版社會定期寄送給讀者。雖然近年來以數位文宣品方式寄送也日漸普及，但紙本書目及書訊至今仍具有其特色。

早期「書訊」多為報紙型，多以介紹出版社的書籍為主。書訊的興起主要是因為報紙廣告費用昂貴，出版社為了推銷書籍，只好自己發行刊物宣傳。在1960年代書籍出版宣傳方式主要以小幅報紙和雜誌的廣告為主。報紙具有發佈廣及時效長的優勢，加上當時只要是閱讀人，幾乎家家戶戶都有訂報（汪淑珍，2006）。當時的書訊多是32開大，約13×19公分大小，攤開像一張報紙，並有四大版採單色印刷。內容包括：第一，作者的動態描寫；第二，書介或書評；第三，讀者的意見表達；以及第四，傳播讀者觀念、報導出版現況（陳素芳，1994）。書訊當時主要是寄給讀者為主，可是後來由於印刷及編輯成本高，加上郵費倍增，因此後來很少出版社再用寄送方式（林訓民，2008）。

現今的書目及書訊形式則非常多元化，內容也相當有創意。如圖4-2左邊為報章形式的書訊，除了一般的內容簡介外，還會加入優惠訊息，名人推薦、評論、導讀等相關資訊，呈現方式多元。右邊是以小冊子方式出版的書訊，與報章形式內容大同小異，只是在包裝上較精美，內容也以整潔、方便為主。

▲圖4-2　書訊（左）與書目（右）

▲圖4-3　《獨步新聞》

　　如圖4-3，獨步的新書書訊，就以《獨步新聞》方式出版，以新聞報導的方式介紹新書，內容還包括社論、作者專訪、連載等方式，像2008年12月20日出刊的《獨步新聞》，第一版頭版就用「火場廢墟發現屍體——深夜大火燒出16年前人倫慘劇——父母坦承動手殺女」為主副標題，並加上命案現場的照片，十分聳動。在該版底下則刊登

▲圖4-4　新書文宣品

宮部美幸的新書《樂園》名字。原來新聞報導指的是這本書的內
容，十分有創意。

2. DM、書籤、明信片、迷你書

　　有一些重點新書，出版社會特地為其設計單一文宣品，多以
DM、書籤、明信片、迷你書等方式設計，有時同一本書也會設計
不同的文宣品樣式，寄放在通路，廣為宣傳，如圖4-4。左邊圖片
的文宣品以單一本新書介紹為主，內容各式各樣，如大田出版柯
奈莉亞‧馮克的《墨水世界——心‧血‧死三部曲》，以迷你書
的設計方式，內容包括內文試讀、名人推薦、作者及內容介紹、
以及電影劇照等等。

　　又像如果出版羅伯特‧哈里斯的《最高權力》，及遠流出版
泰塔妮亞‧哈迪的《玫瑰迷宮》，形式設計華美，以摺疊式的DM
呈現，打開接近全開紙本，內容豐富，正反面包括名人推薦、內
文試讀、文本特色及作者介紹等等。又像藍襪子出版丫柒的《引

誘未婚夫》及夏嬰的《上司的小情人》，以及禾馬出版萊倩的《冰顏美人》，以書籤的方式設計，圖案以主角人物為主，設計簡單卻漂亮，書籤也具實用用途，容易吸引讀者目光及收藏。

同一圖的右邊為耕林出版凱倫‧詮斯的《接觸》，分別設計了三種不同的文宣品，包括書籤、DM及小型海報。小型海報的反面更印製了讀者推薦、內容試閱、作者簡介等。同一本書籍設計成不同類型的DM，考量了不同型態的消費者的喜好，而不同類型的DM也可發送到不同地方宣傳。

3.電子報

數位文宣品以電子報為主。秀威宋政坤表示，電子報的設計，盡量避免太花俏。電子報具有無限延伸及不斷連結的特色，在整個篇幅設計上，並不受限。一家出版社也可以發行不同類型的電子報，以滿足不同讀者的需求。遠流即發行《BesT 100 CluB名家推薦報》、《金庸茶館電子報》、《旅人電子報》、《三國智囊電子報》、《科學人知識報》、《智慧藏百科電子報》及《遠流部落格ABC電子報》等幾份不同類型的電子報，發行時間也有所不同，讀者可以依照喜好而自由訂閱。以《BesT 100 CluB名家推薦報》來說，內容也非常豐富，包括「焦點推薦」、「套書精選」、「暢銷排行榜」、「好書新上市」、「Best作者」、「名家推薦」、「延伸閱讀」等單元。其為雙周刊，是隔周周一發行的電子報，每次除了固定內容外，也有以書信方式推薦近兩周內比較有特色的作品或優惠活動等。另外，還會寄送《號外——會員特惠電子報》，介紹最新的優惠活動等等。

4.試讀本

試讀有分實體及網路的方式，實體指的是印成試讀紙本，或印在不同形式的文宣品上放在書店等通路裡，讓讀者自由索取。網路的試讀有幾個方式，如出版社在新書上市前，在網路或部落

格徵求讀者閱讀，確定試讀者人數後，把試讀本寄給他們閱讀，他們閱讀完畢以後，再回饋意見或在自己的部落格裡推薦此書等。如遠流在新書上市前一個月，就會先找部落客試讀。又或是直接把試讀內容上傳至網站或部落格，讀者閱讀完可自由閱讀及留言。高寶黃淑鳳認為：「書籍首重一本書的精髓，因此『試讀本』被廣為運用。希望能在書籍的口碑效應上產生讀者的共鳴，因此也是各家廠商最常運用的行銷方式了。」試讀本可以讓讀者先與內容「接觸」，確定是否喜愛，再考慮購買。以美國為例，很多出版社在出版前，會寄上千本的全文樣書（Proof Copy）給全國的書評家、學者及媒體等作參考（陳穎青，2007）。

　　不管是實體文宣品或數位文宣品，內容多具有介紹、推薦或試讀等元素。介紹包括內容、特色及作者等；推薦則包括名人推薦、專家推薦及多位讀者推薦等等，主要是希望以參考團體（指的是「具有權威性和參照性，容易引起消費者和閱聽人的注意和追隨，因而它影響著消費者和閱聽人購買決策的認知需要，和購買方案的評估。」（王祿旺，2005）的觀點說服消費者，或希望消費者以此作為參考。

　　另一種推薦方式是以導讀或是評論方式，引導讀者了解書籍的優點及特色，特色是隱惡揚善。在推薦的同時，也會把「輝煌紀錄」寫出來，如作者或作品得獎紀錄等。以文學獎為例，其屬隱藏性廣告，很多文學書籍藉由文學獎肯定實力，增加了廣告的說服力，進而刺激銷售量，達到商業行銷目的（汪淑珍，2008）。得獎作品有助知名度的提升，在促銷上也容易讓讀者記得。而試讀指的是內文試讀，分為二種，一種是精華試讀，另一種是部分試讀。精華試讀是把全書加以整理出精彩之處，部分試

讀則是把部分原文呈現。近年來，文宣品設計愈來愈精緻，在試讀本裡面很多都會加上插圖及圖片等設計，增強視覺效果。

其他促銷活動

書展、書店、學校及異業合作也是很好的促銷途徑：

▲圖4-5　2009年臺北國際書展人潮（上）及文宣品（下）

為什麼書賣這麼貴？──臺灣出版行銷指南

（一）書展

　　書展是書籍促銷最好的途徑。「兩類人會到書展活動，第一是希望這是一個有氣質、有收穫，可以增廣見聞的展覽。第二是算準了書展折扣，希望一次買足便宜書。兩種心理都是重要的價值，良好的賣場管理應該同時兼顧這些需求。」（陳穎青，2007）孟樊指出：「不論是出於集市或僅在展覽的動機，吸引人氣、聚集人潮乃是書展活動本身所必需的，為此，大多數的主辦單位無不使出渾身解數，以廣招徠，遂使書展本身的內容與形態變得更為多元化了。」（孟樊，2007）雖然短短幾天書展銷售書籍，對出版社整年度的營業額幫助不大，但很多出版社其實是抱著「積極參與、宣傳兼賣書」的心態。

　　出版社在努力促銷書籍之外，也盼可達到宣傳之效。如圖4-5，上圖是為了2009年臺北國際書展，現場人潮眾多的景況；下圖是各家出版社特別印製的文宣品。

（二）書店

　　由於書籍主要透過店銷銷售，因此書店也成為促銷宣傳最佳地點。「店銷書零售市場高度競爭，要在有限量空間經營無限量產品，出版人無不挖空心思，結合事件、話題、媒體、通路賣力演出，爭取讀者。」（王榮文，1998）在書店中除了新書需要特別促銷外，如有些書剛好配合議題也可以促銷。如《紅髮安妮》出版已經100年，格林便做了一系列促銷活動，如在書店張貼海報等。在廣告宣傳上，書店除了可以擺放文宣品外，也可以播放一些短片，如誠品敦南店的螢幕播放；同時，短片宣傳也可以在網路上播放。

另外，如時報等出版社有特約書店，會幫出版社設立陳列專區。書店最有效的促銷活動是排行榜建置。雖然很多人質疑排行榜不具備公信力（林芳玫，2006），但其依然成為「部分讀者購書的參考，也是了解流行哪些議題書籍的指標。」（林曉齡，2004）對於出版社也有一定的好處，「暢銷書排行榜的設立，本身即係一種行銷的手段，這是檢驗市場非常有用的利器。」（孟樊，2007）麥田林毓瑜指出：「如果書上了暢銷書排行榜，通路也會給予相當的支持，上榜的書在通路的曝光都會比較顯眼。」在書店的促銷，除了打響書籍知名度，也可以打出版社的知名度。如一方出版社成立之初，社長陳雨航為了讓更多人認識他們，於是製作「兩萬個筆盒，藍色筆盒的外觀用燙金字寫著一方出版的首三本書名，只要在臺北各大書店消費，就可獲得內附二支的精美筆盒」，十分有創意（陳穎青，2009）。

（三）學校

對書籍而言，除了書店外，學校是另一個很好的宣傳通路。陳隆昊表示，唐山出版《鍾肇政口述歷史：「戰後臺灣文學發展史」十二講》前，曾邀請鍾肇政到10多所大學舉辦座談會。他認為，如果系所能夠動員師生參與，對書籍的知名度提升及銷售有一定幫助。又如二魚在新書出版時，會按照書籍的類型寫信介紹給學校的老師，也是另一種宣傳方式。

（四）異業合作

異業合作也是相當好的宣傳方式，如聯經書籍可以結合聯合報系訂報贈書的活動。林毓瑜表示，麥田曾與遊戲公司合作，邀

請網路作者敷米漿寫電玩小說。臺灣角川出版動漫系列科幻翻譯小說，則與日本知名玩具公司萬代合作，如福井晴敏的《機動戰士鋼彈UC》第一集，即隨書附贈模型套件。宋政坤表示，秀威希望未來可以與智慧型手機及平板電腦等廠商合作，讓書籍的內容可在數位媒體上呈現。陳俊斌表示，對於異業合作「出版社的回饋方式很多，例如在書中給他們登廣告的版面或者免費贈書等等。」

在整個促銷活動上，不是一次就完結，更好的方式是採用二次的攻勢，即「促銷→檢討→二次促銷」。唐山陳隆昊表示：「我看過日本有一個很好的行銷方式，就是新書出來時，先做第一次宣傳；等到過程中有銷售回應時，再第二次做廣告。因為書開始賣時，就跟讀者有所互動，在過程中，更了解宣傳需要加強的地方及方向」。

4.2 人才──行銷的核心

行銷人員在行銷活動中，占相當重要的位置，尤其在促銷活動上，很多出版社是由行銷人員全面負責。「要賣書最好的方式就是，擁有一位業務員，沒有其他雜務，完全致力於書的銷售，然後直接將這些書賣給客戶。」（渥爾，2005）行銷人員為出版社銷售人員，主要「負責直接與顧客進行行銷溝通，以達成既定的知覺目標與銷售目標。」（王祿旺，2005）在這裡談的行銷人員包含廣義的企畫及業務。企畫指的是「構思和決定行動程序，以達成預定目標的創新性活動」的人，其必須具備「精確評估、發揮創意及徹底實踐」的能力（丁希如，1999）；業務指的

是「把書迅速地推廣到更多讀者面前，讓讀者們樂意掏出錢來買書」的人。（黃大維，2003）

　　書籍出版的行銷人員在1970年代漸受重視，當時有很多行銷人員，後來也成為出版社的創立者（黃大維，2003）。時至今日，很多出版社已經有獨立的行銷部門，以時報為例，與行銷人員有關的職務包括企畫室、業務部及直效行銷部。企畫室「負責公司叢書、漫畫之相關產品廣告、推廣等之促銷。」業務部負責「第一、針對海外、機關團體、中盤商之書籍販售。第二、有關傳統書店、連鎖書店之銷售工作。」直效行銷部負責「第一、透過推廣鼓勵讀者客戶加入會員增加書籍介紹及銷售。第二、公司客戶服務相關工作。第三、公司產品網站製作編輯與內文設計及網路銷售等相關工作。第四、公司郵購之相關企畫及業務等工作。」（莫昭平，2006）

　　行銷人員分為專任與兼任兩種。本書訪談的11家出版社中，有8家都有專任的行銷人員，有2家有兼任的行銷人員，有1家則沒有行銷人員，如表4-1的統計。

　　從表中可以看出，出版社規模大小與行銷人員數目關係不大，反而是對行銷的認知不同，出版社行銷人員數量也所差異。例如大出版社聯經的行銷人員只有1位。聯經陳秋玲表示，行銷人員是業務與編輯之間的橋樑，出版社最重要的是資源整合，因此行銷人員是十分重要的。她認為：「一家公司不需要有很多行銷人員，因為你的資源都在主編的手上，如今天要出李家同的書，這個主編跟李家同一定很熟，我只要從他身上拿到我要的東西就可以，如書的內容、精要等，我就可以知道行銷方向，再找時間跟作者談，如怎麼包裝等。」

表4-1 出版社行銷人員編制

出版社	行銷人員人數	編制	備註
格林	1位	除行銷人員外，另外也有1位業務及1位業務助理。	
聯經	1位	以行銷副理為主要行銷人員，另外還有1位負責媒體及1位負責作者經營的人員。	
秀威	10位	主要負責圖書銷售的是圖書部門，業務包括書店、網路、直接行銷及通路行銷等。	
時報	不定	主編是行銷活動的發起人，行銷計畫的執行由主編及行銷人員共同負責。每一條線會有1位行銷企畫。	
麥田	6位	行銷企畫有4位，行銷業務有2位。	
二魚	不定	沒有固定的編制。	每位人員都是行銷人員。
唐山	不定	沒有固定的編制。	沒有專業的行銷人員。因為規模不夠大，都是由發行部同仁兼任。
遠流	35位	店銷、特殊通路如團訂及直銷等業務，共有35位人員負責。在職稱而言，企畫人員有4位。	
爾雅	沒有	發行部有3位人員，但主要是負責把書籍發送至通路銷售。	目前沒有行銷人員。
九歌	3位	行銷部共有3位行銷人員。另外，企畫部及發行部合起來有10位人員。	
高寶	6位	行銷部門包括企畫與業務。	

遠流雖然有35位行銷相關人員（各家出版社對行銷人員的定義不同，遠流這裡指的「35位行銷人員」，是把業務等全部與行銷工作有關的人納進來計算），但王品認為，公司每一個人都應該是行銷人員。因為「編輯選書要知道市場，行銷推廣要懂書，在全面行銷的時代，沒有人可以置身事外。」二魚沒有專任的行銷人員，謝秀麗認為，主編必須要了解整個流程，所以在設計一本書時，就要企畫整個行銷計畫，並落實執行。時報在每條出版路線裡，都有一位行銷企畫，主編是發起人，也身兼行銷計畫的執行者。以下將從選才標準、教育訓練、以及顧客滿意度反映再深入說明。

選才標準

　　優秀的行銷人員是出版社提升銷售績效的關鍵，因此在選才上就必須要謹慎選擇。接續如表4-2的內容，以其中有專任行銷人員的出版社為準，整理出受訪出版社在選才上的需求。

表4-2　選才標準

出版社	選才標準
格林	要有經驗。
聯經	懂書／實務經驗／大學畢業／文字要有內涵。
秀威	對出版充滿熱情／愛讀書／喜歡與人互動／具有基本的銷售的技能／懂得操作電腦／有簡單數字成本概念／科系不拘。
時報	喜歡讀書／基本的文字能力／行銷創意／執行力／認真。
麥田	喜歡與人互動／有創意／背景不限／有經驗可立即上手。
遠流	喜歡讀書／有創意、想法及業務力／表達力一定要好。
九歌	愛書、懂書／個性比較活潑、耐煩、細心／口語表達能力好。
高寶	專業／細心、耐心／懂得行銷手法／具創新想法／對出版熟悉、熱愛。

從以上資料發現，出版社對於行銷人員晉用的標準上，有以下幾個特色：

第一，必須「喜歡閱讀」。 九歌陳素芳指出：「書畢竟不是一般的商品，比較有人文精神。利潤也比一般商品低。如果不喜歡自己的產品，怎麼去行銷。」遠流王品也表示：「因為書是有內涵、有精神層面的，喜歡它才知道怎麼行銷它。」

第二，必須具有創意。 在市場競爭激烈之下，行銷手法不再能照本宣科，必須要有獨特的創意，才可以引起讀者的好奇心。高寶黃淑鳳表示，行銷人員「需要更多的行銷手法與創新方式，才能讓書籍有好的曝光度跟銷售力。」

第三，具有實務經驗及個性開朗。 聯經陳秋玲表示：「我曾經選擇兩種不同的行銷人員。第一種是他對第一線的書店非常熟悉，對各種類型的書也了解。另外是他完全不是這個產業，可是他有行銷概念。我覺得，有實務經驗的比較好，因為他比較快進入狀況。」格林在選才上，唯一條件就是「要有經驗的人」。麥田也希望行銷人員是具有經驗的人，可以馬上勝任工作。再者，人員的個性開朗，喜歡與人溝通也很重要。林毓瑜表示：「行銷是經常跟人溝通的行業，如跟媒體打交道、通路及內部同事溝通等。所以行銷人員要不害怕跟人溝通，喜歡跟人聊天、往來。」

第四，對出版須具有熱情；具有基本的文字能力；耐煩、細心；表達能力好；對行銷有一定了解，但不一定要相關科系畢業等。 秀威宋政坤認為，對出版具有熱情，才是一切的基本。九歌陳素芳表示表達能力很重要，因為行銷人員工作之一，就是要到書店「說書」。遠流王品也指出：「以企畫人員來說，因為他要跟很多人溝通，如編輯部、業務、書店及媒體等，所以他的表

達力一定要好，這是一個很基本的標準。」高寶黃淑鳳則表示：「每本書籍的行銷都是重新開始，必須全部跑完流程才能讓讀者在不同的通路看到最新出版的書籍。因此行銷人員的專業與細心耐心程度，可見一斑了。」

　　除此之外，其餘的條件包括要具有想法、業務力、執行力、專業能力、認真、懂得電腦操作、簡單數字成本概念及有大學畢業學歷等。其中遠流王品認為，業務力很重要。她指出，「很多人到出版公司選擇做企畫，不想做業務。但一個好的企畫，他一定是有很好的業務功夫，因為他要知道，書是怎麼賣出去的。如果他不會賣書，怎麼會做企畫呢？他要企畫給誰呢？」

教育訓練

　　教育訓練對新進人員是很重要的，但不一定每家出版社都有系統化的訓練。在訪談11家出版社中，有8家出版社有專任的行銷人員，其中4家有系統化的教育訓練；另外4家則為「做中學」。其中最注重教育訓練為遠流，不只有針對新進員工，也鼓勵職員繼續進修。王品表示：「我們有員工教育訓練，定期每個月都有讀書會，然後每兩個月會邀請外面專業的人來演講，如趨勢、行銷專才等等。我們也會看同事的狀況，有的人表達力差，就送他去上表達力的課；或是他想加強語文，就讓他去學語文；他想進修，就讓他去政大公企中心上課等等。」這和遠流本身的企業文化很有關係，因為「遠流非常以人為本，它很尊重人，以及強調謙虛。」而秀威也會在專業服務素養上，對員工進行為期三個月的訓練。宋政坤表示：「會鼓勵他們大量閱讀關於數位出版所要發展的願景，對出版業有感情、熱情後，自然而然就會懂得怎麼去銷售這些書。」

本書訪談的出版社中，有2家是城邦出版集團旗下的出版社，包括格林及麥田。出版集團約在1980年代中期興起，當時臺灣出版業進入了企業化的新階段（王祿旺，2005）。到了1996年，麥田、貓頭鷹及商周三家出版社以換股方式合併，成立「城邦文化出版集團」。城邦文化出版集團在2001年被香港TOM集團併購，成為「城邦媒體控股集團」的子集團。至2007年，城邦旗下的出版社已快達到40家。城邦集團主要是負責統一發行及倉儲等工作，旗下出版社在業務上各自經營（城邦網站，2009；維基百科，2009）。

　　出版集團的好處在於「可以集中行銷力量，廣用人際關係，降低營銷成本，開拓不同的消費市場，以及整合資產，形成競爭優勢，朝國際化邁進。」集團內部會有定期的教育訓練，開設編輯、管理、市場分析等相關的課程（孟樊，2002）。麥田林毓瑜表示：「兩周會有一個談書會，執行長也會來，直接跟我們交流。」但屬於單一出版社內部就沒有特別的教育訓練，也是邊做邊學。對於行銷人員的績效評估，格林張玲玲表示：「我們一個禮拜會開一次檢討會，檢討行銷活動後，成果有沒有反映在市場跟銷售量上，如開新書發表會之後，新書有沒有多賣等。」

　　但城邦對於內部出版社的行銷幫助不大，格林張玲玲表示：「城邦雖然有很多出版社，其實內部大部分行銷活動是各自進行的。但我們有一個平臺，會負責倉庫、發行、管理及跟通路商談折扣等。」麥田林毓瑜認為，比較有幫助的是招牌的優勢，擁有自辦雜誌及有專人負責展銷及海外行銷。聯經陳秋玲分析說：「他們有30、40家出版社，集結在一起，每家的選題都很明確，透過一個發行網出去。他們的物流不用算在自己的出版社中，但他們上游編輯是獨立的。只有在銷售的這一塊，交由城邦來做。但他們的行銷，各自也花了很多心力在處理，像麥田、商周等，都有

自己的行銷團隊。」遠流王品也指出：「集團的資源比較多，但跟它的行銷會不會比較厲害，不是等號。」時報陳俊斌認為：「因為集團的意思就是說它有很多個品牌，但是通路不會把A品牌的成功，轉嫁到B品牌上面去。它還是會個別去看。除非是整個集團都非常成功，不然它還是有強者強、弱者弱的情況。」因此，集團旗下的出版社，不管在員工訓練或行銷活動上，集團只是提供基本的配套，如果要在競爭激烈的市場生存，仍是需要各自努力。

在行銷人員的教育訓練上，高寶黃淑鳳認為：「因為出版業是創新與熱愛產生的工作，無法以制式化的訓練方式來學習，其中的各項因素真的就需要看每本書籍的相對性質來處理」，因此「真正的細節大概要親自演練才能體會箇中滋味。」九歌陳素芳表示，要「做中學，慢慢累積」。新進人員會告知一些標準及目標等。時報陳俊斌也表示：「很難開幾堂課就全盤教會行銷的東西，只能遇到問題時隨機教育。」二魚謝秀麗表示，行銷方式「大部分都是邊做邊學。員工考試進來之後，編一本書的整個流程，他們就要懂了。然後我們會有標準的表格，做好什麼流程就打勾上去。另外，每位主編都要輪流上廣播，記者會也是各自負責籌辦。」同時主編也要懂得網頁管理等等。

雖然行銷人員很重要，但其中的業務人才流動性卻很高，原因是平均薪資低、員工福利低及服務業大量吸引年輕人員（傅家慶，2004）。因此值得出版社為之警惕。以時報為例，為了留住優秀的人才，時報的員工都有機會成為公司股東（莫昭平，2006）。

顧客滿意度反映

不管是行銷人員或是銷售績效，最佳反映就是在顧客滿意與否。「一個了解閱讀者的出版公司，在先天上就掌握了市場上

銷售成功的重要契機。」（王祿旺，2005）根據相關研究指出：「對於讀者的反應資訊收集與相對因應的執行，會對公司的經營績效有顯著的影響。」（李政毅，2002）對於顧客滿意度反映的獲得，出版社愈來愈重視。從1970年代開始，進入出版行銷興盛期，出版社對於讀者的反映也漸漸重要，開始以書訊等方式與讀者進行交流，但此時期出版社仍是「編輯導向」的文化，多是編輯主導出版品的方向。進入1980年代是出版行銷創新期，由於出版進入多元市場，出版社必須採用更多行銷手法吸引讀者的目光，因此出版社愈來愈重視讀者的觀感，「讀者導向」的文化漸漸產生。

直到1990年代，出版行銷進入通路導向及網路行銷期，此時期讀者觀感及口味成為很多出版社最重要考量方向之一。例如皇冠的經營目標就是「以讀者為尊，以作者為榮」（葉雅玲，2008）。時報經營理念也是以「顧客導向」為主，這是有別於以往出版界「編輯導向」的文化（莫昭平，2006）。因此，顧客滿意度的反映，對出版社而言是具有相當的參考價值。而顧客滿意度的反映主要可從4種方式獲得顧客滿意度，包括讀者回函卡、網路、市場調查及銷售數字。

（一）讀者回函卡

這是大部分出版社都會使用的方式，就是在書籍裡面附上讀者回函卡。為了鼓勵讀者回函，秀威會送禮物致謝。宋政坤表示：「我們在每本書中，都有附顧客滿意度回函，如果讀者寫了意見，我們會與對方積極互動，也會送份小禮物。一個月可以收到十幾封。」麥田林毓瑜認為：「這樣的讀者滿意度的了解，會需要很積極的讀者，對書非常不滿或非常滿意，他才會填寫回函卡寄回來。」因此，要從讀者回函卡中，得到顧客滿意度的反映，效益並不高。

（二）網路

網路包括部落格及電子報都可以獲知讀者的反應。林毓瑜表示：「相對於讀者回函卡，部落格是一個很好的經營方式。」秀威也會透過網路，對讀者進行問卷調查。二魚則會用電子報與讀者聯繫，另外也利用出版社的空間，在裡面開設小小書店，讓讀者上來買書之餘，也可以留下資料。

（三）市場調查

格林張玲玲表示：「我們的編輯及業務有時候會去書店問店員關於書的銷售情況，這些店員就在第一線，更能觀察到讀者的需求。另外，我們也會做一些抽樣調查，或跟學校老師作訪談。」高寶黃淑鳳表示：「每家公司都有顧客服務專線跟處理人員，利用有效的管道與平臺讓讀者能在第一時間就反應問題，是很重要的。」

（四）銷售數字

銷售數字是最直接能夠得知顧客的反映方式。遠流王品表示：「最直接的反映就是銷售，書出去有多少人買，有沒有超出預期。如果銷量跟預期一樣的，目標就很清楚。如果銷量超出預期，很有可能是顧客的口碑也加強了，得到的反映更好。銷售數字是一個指標。」時報陳俊斌也認為：「看銷售的數字就知道顧客喜不喜歡。顧客不滿意有幾個反映的管道，一個是直接打電話到我們公司的客服單位，或是將讀者回函寄回來，或是在網路上就這本書留下評語。」

「出版公司對於讀者的概念，一般而言，仍舊是很模糊的，不像其他行業（如電腦業）對於所謂的銷售對象有極為清楚的了

解。」（孟樊，2007）換言之，雖然出版社對於顧客滿意度反映很重視，但臺灣出版業仍較少對於「讀者學」有系統的研究。例如出版社獲得顧客滿意度反應後，應該立即建立顧客資料庫。顧客資料庫是指有系統地蒐集顧客相關的資料，包括地理性、人口統計、心理性及行為性等資料。這個資料庫可以用來找出優良的潛在顧客、為目標顧客的需要來調整產品和服務，並與顧客維持長期的關係（Philip Kotler，2006）。利用資料庫行銷與讀者維持關繫是非常有效的，以遠流為例，擁有顧客名單「高達百萬以上，經常使用也有10幾萬，其中各領域的精華名單約在3至8萬之間。」（周浩正，管仁健，2006）

「讀者購後不滿的項目包括預訂到書時間太久，有時長達1周至3周；另外是圖書價格太高及店員缺乏商品知識」（小林一博，2004）。例如很多繪本都會被擺設在書店兒童區，但其行銷的對象多為成人區讀者，但很多店員卻無法分辨書籍內容的屬性而放錯區域，這不但讓讀者找不到書籍、更會影響銷售量。另外，目前愈來愈多的出版社成立讀者服務部，了解並解決讀者的問題。如天下設立讀者服務部，當讀者有任何問題，必在一天內給予回覆。如有讀者反映，希望從天下網站訂購的書籍寄達7-ELEVEN時，天下能夠以手機簡訊提醒到店領取，後來天下也為讀者新增這項服務。又如讀者買到的是缺頁書籍，當讀者寄來更換時，天下會加上道歉信及附上小禮物等（潘瑄，2007）。

促銷手法最成功的是一波又一波的整合行銷，因為很多讀者是健忘的，除非是不斷的提醒及刺激，讓其產生「非買不可」的購買慾望才會成功。但在書籍促銷上有一大隱憂，就是促銷的通路及管道，幾乎都是與「文字」有關，如在書店宣傳、在平面媒體廣告或連載等等。但閱讀習慣改變的今日，很多人是不去接觸

與「文字」有關的媒介，如不去逛書店及不看報紙雜誌等。多數的人是從具圖像播放功能的媒體如電視及網路等獲得資訊。在瀏覽網路時，又以「圖文」網站成為最優先的選擇。因此，造成讀者的人口因為閱讀型態的改變而愈來愈少；但不閱讀的人口，更不會主動去接觸到相關資訊，最後演變成投入大量的成本，但促銷效益卻不彰；加上讀者漸漸流失，出版業愈來愈難經營，書籍的品質也因此每況愈下。

出版社在這樣的大環境下，促銷方式必須更尋求創意，如異業合作便是很好的方式，最好的例子是像文學書籍可以拍成電視、電影上映，吸引非閱讀人口的觀看，成為目前最熱門的一種宣傳手法之一。例如日本的輕小說行銷方式很成功，很多受歡迎的輕小說都被改拍成動畫，行銷至全球，動畫受歡迎後，相關產品也十分受歡迎，書籍因此又獲得一次又一次免費宣傳的機會。除電視、電影外，還可以尋找更多不同的管道宣傳，如透過新科技的傳播；與學校、社區及企業團體合作等等。出版社主動地嘗試多元的促銷手法及尋求更多優秀創意人才，才能在出版業「不再風光」的現今，把優秀的書籍展現在更多的人面前。

一秒就懂
為什麼書會這麼貴

在促銷策略中，目前最大的趨勢就是「整合行銷」。在整個促銷活動上，不是一次就完結，更好的方式是採用二次的攻勢，即「促銷→檢討→二次促銷」。書籍的促銷途徑分為五大步驟：包括第一，包裝作者／作品；第二，網路及通路廣告宣傳／預購；第三，書籍上市／異業合作；第四，新書發表會／媒體放送；以及第五，宣傳及活動不間斷。而書籍的促銷方式非常多元，包括新書發表會、媒體放送、新科技傳播及廣告宣傳。

新書發表會可包含記者招待會及作者簽書會、演講會等。主要目的是打響知名度、吸引媒體報導、宣傳、刺激讀者消費等。新書發表會最好的時機是書籍上市一周內及書展期間。書展本身就有促銷、吸引人潮及新知傳遞的作用。很多書籍常以新書發表會形式舉辦，原因是作者本身的創作動機，較易引起矚目及大眾期待的「八卦心理」。以及作品本身具有情感性，較可以多方向討論，也容易吸引讀者，或引起共鳴。

在媒體放送上，最重要還是找出話題性。很多書籍一大優勢在於可以被改編為戲劇上映。書籍改編成戲劇上映，可以得到幾個效益，包括第一，知名度大增。第二，免費宣傳。第三，拉近與讀者距離。第四，異業合作。第五，銷售提升。

在書籍促銷上，新科技傳播分為網路行銷及數位出版的建置兩大類。在網路行銷上，加強網站、部落格功能，電子報發送及設立讀者俱樂部是目前發展的趨勢。而數位出版的建置也是當前的趨勢，電子書則是數位出版最受矚目的一環。智慧型手機、平板電腦及web 2.0的等都改變了閱讀市場及行銷方式。

在廣告宣傳上，出版社大部分選擇以免費廣告的方式宣傳，其中自製文宣品最廣為使用。廣告文宣的形式很多，可以分為實體文宣品與數位文宣品。實體的文宣品包括大型看板、海報、書目、書訊、DM、書籤、明信片、迷你書、試讀本等。

數位文宣品如電子報、電子試讀本等。不管是實體文宣品或數位文宣品，內容多具有介紹、推薦或試讀等元素。另外，書展、書店、學校及異業合作也是很好的促銷途徑。

行銷人員在出版社占相當重要的位置，尤其在促銷活動上，很多出版社是由行銷人員全面負責。行銷人員分為專任與兼任兩種。而出版社規模大小與行銷人員數目關係不大，反而

是對行銷的認知不同，出版社行銷人員數量也所差異。在選才標準上，出版社第一重視的是行銷人員必須要「喜歡閱讀」。第二，必須具有創意。第三，具有實務經驗及個性開朗。第四，對出版須具有熱情；具有基本的文字能力；耐煩、細心；表達能力好；對行銷有一定了解，但不一定要相關科系畢業等等。除此之外，其餘的條件包括要具有想法、業務力、執行力、專業能力、認真、懂得電腦操作、簡單數字成本概念及有大學畢業學歷等。

在教育訓練上，不一定每家出版社都有系統化的訓練。採訪談11家出版社中，有8家出版社有專任的行銷人員，其中4家有系統化的教育訓練；另外4家則為「做中學」。對於顧客滿意度反映的獲得，出版社愈來愈重視，因為讀者觀感及口味已成為很多出版社最重要考量方向之一。出版社主要從4種方式獲得顧客滿意度，包括讀者回函卡、網路、市場調查及銷售數字。出版社獲得顧客滿意度反應後，應該立即建立顧客資料庫。目前愈來愈多的出版社成立讀者服務部，了解並解決讀者的問題。

在出版業不再風光的現今，尋找更多元的促銷方式及創意人才，才能讓「賣書」的志業，得以永續繼承下去。

為什麼書賣這麼貴

附錄一　臺灣出版行銷回顧

　　臺灣的出版業起步是從1940年代末開始。在1940年代出版事業並不發達，作者要出書是很困難的。因此，當時的出版，並沒有具體的行銷的概念。

　　到了1950年代，出版漸漸蓬勃起來，雜誌及副刊成為作者最重要的發表園地。這一個階段是出版行銷萌芽期，最大特色是書籍設計及企畫的觀念漸漸形成。當時文人紛紛籌辦出版社，而出版社變多也表示競爭環境的形成，因此書籍的設計也開始受到重視。如1959年東方出版社推出的「東方少年文庫」系列，在內容設計上加上注音，成為當時「臺灣兒童讀物典範」。

　　另外，東方出版社還邀請知名作者改寫公版書。由此可見，當時有些出版社已有書籍企畫的概念。另外，當時翻印舊書及翻譯西書的風氣十分盛行，翻譯書在此時已成為重要出版活動，至今其在圖書出版市場，仍占有很重要的地位。而文星書店從1952年開業，是1950、60年代最重要書店之一，很多行銷活動如郵購等，文星書店都做得很成功。1954年皇冠出版社也成立，其對日後的臺灣出版界有著極為深遠的影響。

　　但總體而言，此時的行銷活動並不活躍。當時書籍銷售並不容易，如書店小運輸不方便，但重慶南路「書店街」及牯嶺街「舊書攤」已出現。當時出版社約在500家以內，尤其是在1946年至1955年這10年間，出版品相當匱乏，很難談上行銷活動。但

到了1950年代的後半期，情況大為不同，出版的行銷觀念也漸漸產生。

在1960年代，是出版行銷茁壯期。最大特色是產品設計及促銷手法多元化。當時文學出版成為出版社主力產品，廣告也變多，以小幅報紙和雜誌廣告為主。此時期有些文學作品已經被改拍成電影、電視劇及廣播。如皇冠在1967年成立火鳥影業公司，拍攝瓊瑤小說改編的電影。當時最重要的書店是文星書店，其在1964年4月23日莎士比亞400歲冥誕時，刊登梁實秋翻譯的《莎翁名劇二十種》出版的廣告。這套叢書除了譯文外，還有譯者序言、註解及圖片。可惜的是，文星書店也在1968年結業。但在同年林海音創立了純文學出版社，對後來的文學出版產生重要的影響。皇冠出版社在1964年建立「基本作家制度」，提供作者一個發表空間，作者只要寫稿就會拿到稿費，成為一大創舉。當時出版社已倍增，約1200家。同時也引進新的平凹版印刷，讓書籍成本大為降低。在1968年10月更舉辦第一屆全國圖書雜誌展覽，出版活動在這個時期蓬勃發展。

1970年代是出版行銷興盛期。這個時期最大特色是行銷活動活躍，行銷人員漸受重視，各式行銷像郵購、直銷、書訊以及媒體行銷如報紙、雜誌、電視、廣播等都很活躍。而重要的總經銷商農學社也在此時成立。最受歡迎的是長篇小說，書店是主要的行銷通路。當時文壇流傳兩句話：「文章發表要上兩大（報），出書則要找五小。」，兩大報指的是《聯合報》及《中國時報》的副刊，可見當時副刊的影響力，因此，當時書籍重要的行銷活動之一，就是在副刊登廣告。這裡指的「登廣告」包括付費廣告、新書內容連載、書評及採訪報導等等。當時是文學出版盛行年代，著名的「文學五小」出版社，除了純文學出版社在1968年

成立外，其他「四小」相繼在此時期成立，包含1972年成立的大地出版社；1975年成立的爾雅出版社；1976年成立洪範出版社；以及1978年成立的九歌出版社。而其他重要的出版社如遠景、聯經、遠流及時報，都紛紛在此時創立。政府在1976年也設立「金鼎獎」，鼓勵圖書出版活動。

　　此時很多出版社的行銷策略都相當成功。如遠景是把文學出版的封面設計從黑白帶進彩色時代的重要推手。另外，此時郵購行銷相當成功，如遠流出版的《中國歷史演義全集》套書，就是以郵購直銷成功創造極佳的銷售業績，該套書在行銷時即在報章上刊登全頁廣告作宣傳，效果非常好，也帶動起行銷套書的風潮。其後如名人出版的《名人偉人傳記全集》及時報出版的《歷代經典寶庫》均爭相效法，以全頁廣告作宣傳。而此時各家出版社也相繼採用DM信函郵購等方式行銷。翻譯書籍的比例在此時也大為增加。書展在此時更是相當盛行，如在1973年至1976年間，幾乎是「三天一小展，五天一大展」。

　　進入1980年代前期，出版社已達到2600多家，但前期也出現出版社倒閉的風潮。而整個1980年代是出版行銷創新期，很多行銷活動的型態都有所改變，如文學書籍不再獨占市場、連鎖書店成立、非傳統書店通路如賣場及連鎖書店興起、翻譯書和通俗文學大受歡迎，以及邁進電子印刷時代等等。連鎖書店的相繼成立，對出版界產生巨大的衝擊。如1982年新學友成立第二家分店；接著1983年金石堂成立，引進西方暢銷書排行榜，為連鎖書店開啟了新一頁；其他連鎖書店也相繼成立，如誠品書店在1989年成立等等。此時期非傳統書店的圖書銷售如賣場等銷售管道興起，新的通路如便利商店的連鎖化也完成，對其後的出版銷售通路造成很大的改變。郵購行銷在此時因郵資高漲而漸漸沒落。另

外，在政府的鼓勵下，有些出版社也發行圖書禮券以廣告行銷自家圖書，可惜成效不彰。更重要的是，1987年解嚴，出版市場進入多元開放的時代，文學書籍也因此不再獨占市場，此時期翻譯書已占4成以上的市場。童書也大量引進國外的書，約占該市場的一半以上。同年也舉辦了第一次的臺北國際書展，為出版行銷寫下新里程。此時期通俗文學盛行，如80年代中期開始風行「泡沫書」，是即少及內容輕薄短小的書籍，希代通俗文學系列作者「紅唇族」大受歡迎。此時新科技的加入，讓出版業從傳統印刷走向電子印刷，如在1982年出版社開始購買個人電腦等等。

在1990年代前期，出版社已達4500多家，純文學出版社已為少數，多為綜合出版公司。1992年6月著作權法修正通過，出版社必須要取得合法授權，才能翻印國外的書籍。從1990年代至今，出版行銷進入通路導向及網路行銷期，尤其是在連鎖書店及網路書店壟斷市場後，情況更為明顯。網路的興起也為郵購行銷開啟新一頁，很多人從網路購物後，出版社或書店都以郵購方式直接寄給消費者。新科技的廣泛應用，對出版市場造成一定的影響。出版界紛紛投入網路行銷，如建立網站及部落格、發送電子報等等。

此時期出版社也開始邁向集團化、股份化及企業化經營，如1996年城邦集團的成立，1999年時報成為唯一上市的出版公司等等。不只是一般連鎖書店，連租書店也開始連鎖化。連鎖書店金石堂從1995年開始推行「推薦書」的促銷模式，書店的促銷手法愈趨多元。在2001年臺灣也加入WTO，兩岸的圖書零售開放，大陸書開始以低價進入臺灣市場。根據新聞局的統計，截止2008年8月前，臺灣登記的出版社已達至9905家。以2006年為例，出版的新書種數即高達4萬2735種，翻譯書成為此時期的主流。1985年到

2005年是臺灣出版的輝煌20年，之後即面臨著供過於求、通路及結帳紛爭等問題。目前退書率攀升及通路問題已成為出版業最迫切處理的問題。

* 以上資料參考自（王乾任，2004／王榮文，1994／行政院，2007／辛廣偉，2000／巫維珍，2008／林訓民，1996／徐開塵，2008／陳信元，2004／陳俊斌，2002／莊麗莉，1995／葉雅玲，2008／編輯小組，1997／應鳳凰，2006、1985／應鳳凰、鍾麗慧，1984／蘇惠昭，2008／隱地，1981）

附錄二　SWOT分析：文學vs.非文學出版

　　本書所訪談的出版社及說明的例子，多以文學出版為導向，特於此用「SWOT矩陣」方式，分析文學出版與非文學出版在行銷上的特色。SWOT矩陣方法將從組織內在的優勢（S）、組織內在的劣勢（W）、組織外在的機會（O）、組織外在的威脅（T）四大方面，加以分析出版行銷策略的優劣。在「SWOT矩陣的S、W、O、T」中，排列愈前面的項目代表愈重要的問題，如表i所示。

表i　文學出版的SWOT矩陣

	Helpful對達成目標有幫助的	Harmful對達成目標有害的
	Strengths優勢	Weaknesses劣勢
Internal 內部 （組織）	1.很多書籍可被改編成戲劇上映，並結合媒體行銷。 2.書籍內容較易找出話題性宣傳。 3.包裝設計更為活潑及有創意。如封面設計上可運用故事人物及電視、電影的主角的封面等。 4.促銷方式較多元，如較易舉辦新書發表會；媒體傳播如報紙副刊可連載內容；廣告宣傳如文宣品多樣化，如試讀本等。 5.優秀的文學書籍可被改編成圖文書，如文學繪本等。	1.很多書籍如文學類為情感性商品，替代性高，讀者沒有一定要購買的理由。 2.定價偏低，獲利不高。 3.常使用低價促銷，造成獲利沒法提升。 4.出版社多以綜合性出版公司為主，純文學出版社難以生存。 5.除書店與學校為主要通路外，在特殊通路的行銷，尤其是企業上，不如非文學書籍來得好。

為什麼書賣這麼貴？——臺灣出版行銷指南

	Helpful對達成目標有幫助的	Harmful對達成目標有害的
	Opportunities機會	Threats威脅
External 外部 （環境）	1. 在書店容易取得較好的擺放位置，有助其銷售量。 2. 書展的集中行銷，有助其促銷。	1. 讀者閱讀習慣的改變，如文學書籍閱讀人數遞減，以及讀者多偏愛翻譯書及暢銷書，造成很多文學書籍滯銷等。 2. 景氣低迷，書市的銷售量不好，文學書籍尤其受到衝擊。 3. 文學書籍非主流出版品，因此議價空間較為薄弱。加上通路為主導，讓很多出版社獲益困難。

文學出版的優點與缺點

（一）五大優勢

第一是「可被改編成戲劇上映，並結合媒體行銷」，文學書籍最大優勢是具有劇劇性及情感等特質，可以被改編為戲劇上映。非文學作品則較缺乏戲劇性及情感等特性，不太能運用此方式宣傳。

第二是「較易找出話題性宣傳」，文學書籍最大的特色是具有情感取向，情感是屬於較感性及個人的感覺，因此容易引起不同的討論面向。而文學作品容易被改編成戲劇，由於戲劇高成本及人力的投入，話題性也相對高，出版社不用花太多心力，媒體也會主動報導。

第三是「包裝設計更為活潑及有創意」如封面設計上可運用故事人物及電視、電影的主角的封面等，這是文學書籍與其他領域書籍最大差異之一。如言情小說及輕小說等常運用故事人物作

封面主角。而配合電影、電視上映的小說多會採用或再版影視戲劇的主角為封面。

第四是「促銷方式較多元，如較易舉辦新書發表會；媒體傳播如報紙副刊可連載內容；廣告宣傳如文宣品多樣化，如試讀本等」，文學書籍是最常舉辦新書發表會的出版類型之一，原因是較易從作者及作品中找到話題。而文學作品通常具有情節性，可提供給報紙副刊、雜誌等連載內容，精彩的作品會讓讀者產生看下去的慾望，因而購買。文學書籍也可以利用試讀本發送給讀者，試讀本與媒體連載有異曲同工之效，可以讓讀者先與內容「接觸」，確定是否喜愛，再考慮購買。

第五，「優秀的文學書籍可被改編成圖文書，如文學繪本等」，現代的閱讀愈來愈習慣看圖文書，因此很多出版社都把優秀的文學書籍，重新整編出版，以符合大眾口味及達到推廣經典書籍之效。

（二）五大劣勢

第一是「為情感性商品，替代性高，讀者沒有一定要購買的理由」。由於文學書籍內容屬於比較情感性的產品，並不像實用性或專業性書籍，讀者沒有一定要購買的理由。文學書籍必須要讓讀者有購買的衝動。因此，行銷策略顯得更重要，透過行銷方式，才可以讓讀者更了解書籍的內容，並吸引讀者購買。

第二是「定價偏低，獲利不高」及第三是「常使用低價促銷，造成獲利沒法提升」。這主要因為文學書籍的讀者，多半是女性及學生，消費能力不高。加上文學書籍屬於情感性商品，必須要常常使用低價促銷手法，刺激讀者的消費慾望，例如新書上市就有79折的優惠、網路預購則有75折的折扣等。因此文學書籍在獲利上，相對其他書籍低。

第四，「出版社多以綜合性出版公司為主，純文學出版社難以生存」。文學書籍由於獲利不高等原因，出版社單純經營文學維生，非常困難。純文學出版社愈來愈少，有三大影響：一是好的作品不易被發現。二是新人不易被栽培。三是讀者文化素養下降，影響深遠。

第五，「除書店與學校為主要通路外，在特殊通路的行銷，尤其是企業上，不如非文學書籍來得好。」因為文學書籍為非實用性書籍，較難吸引組織如企業等團購。出版社必須要花更多心思，把文學書籍打造成提升企業文化、員工文化素養等等品牌，才可能吸引企業注意。

（三）兩大機會

第一是「在書店容易取得較好的擺放位置，有助其銷售量」。文學類書籍的包裝較其他領域書籍來得活潑、內容多具情感性，在行銷宣傳上較容易操作。因此，在書店也較能占優勢位置。而書籍在書店的擺放方式，會影響其銷售量，所以大部分出版社，都會在新書上市前，到書店作簡報及協調擺放方式。一本新書想要爭取好的擺放位置，除了讓書店感到出版社對這本書的重視，以及與書店建立密切關係外，出版社及產品本身的實力也很重要。

第二是「書展的集中行銷，有助其促銷」。書籍促銷最大機會之一，就是業界舉辦的書展。由於書展主要以低價促銷、吸引人潮及刺激消費為主要策略，文學書籍不管在產品設計或促銷手法（如新書發表會、廣告文宣設計等）上，都更加別出心裁，加上本身定價偏低及書展的低價策略，因此容易吸引讀者目光。文學書籍在書展期間銷售都會特別好，有時比其他書籍更能創下業績高峰。

（四）三大威脅

第一是「讀者閱讀習慣的改變，如文學書籍閱讀人數遞減，以及讀者多偏愛翻譯書及暢銷書，造成一般文學書籍滯銷等」。在目前書籍雖然仍是知識的最好載體，但資訊發達後，讀者可以從網路、電子媒體等獲得新知，書籍已經不是獲得知識的唯一途徑。另外，雖然文學書籍可改版成圖文書再次發行，但圖文閱讀日漸成為潮流的現今，對以文字為主的文學書籍而言，仍是一大威脅。而讀者偏愛翻譯書及暢銷書，造成一般文學書籍滯銷，導致退書率攀升，也是一大危機。出版社一定要面對趨勢，作出適當解決方式。如調整出版方針、加強書籍的內容或行銷方式，讓優秀的書籍不被潮流所淘汰。

第二是「景氣低迷，書市的銷售量不好，文學書籍尤其受到衝擊」。文學書籍雖然價格很便宜，但很多讀者在生活預算中，也會把買書的錢省下來。加上文學書籍為非實用類書籍，讀者也沒有非看不可的理由。因此，很多文學書籍即使花了很多行銷費用，卻不見很大的成效。

第三是「文學書籍非主流出版品，因此議價空間較為薄弱。加上通路為主導，讓很多出版社經營困難。」由於很多文學書籍的銷售量都不理想，除非是出版社投入大量的行銷資源，否則在與書店議價的空間上，則較為薄弱。加上目前臺灣的出版社與通路之間關係並不平等，自從連鎖書店及網路書店崛起後，通路逐漸變成主導的一方。過去通路要打折，就是自行吸收，現在變成出版社吸收，讓很多出版社難以經營。通路的壟斷，對出版產業產生三大影響：第一，獨立書店的生存受到威脅。第二，連鎖書店物流中心的設置，對經銷商造成很大衝擊。第三，出版市場失

為什麼書賣這麼貴？——臺灣出版行銷指南

去多元發展空間。出版社若想要改變目前處境，可加強本身實力及考慮朝企業化、專業化等發展。

參考及推薦書單

1. 專書

（一）中文著作

王乾任。《臺灣出版產業大未來——文化與商品的調和》。臺北縣中
　　和市：華文網，2004。

王祿旺。《圖書行銷學》。臺北：四章堂，2005。

朱榮智。《文學的第一堂課》。臺北：書泉，2004。

朱光潛。《談文學》。臺北：漢京文化，1982。

行政院新聞局。《中華民國96年圖書出版及行銷通路業經營概況調
　　查》，臺北：新聞局。2007。

——。《二〇〇四年出版年鑑》。臺北：新聞局，2004。

——。《中華民國八十九年出版年鑑》。臺北：新聞局，2001。

——。《中國民國八十三年出版年鑑》。臺北：新聞局，1994。

私立南華大學出版學研究所主編。《第十屆臺北國際書展實錄》。臺
　　北：中華圖書出版基金會，2002。

汪淑珍。《九歌繞樑三十年》。臺北：九歌，2008。

李瑞騰編。《九歌二十》。臺北：九歌，1998。

辛廣偉。《臺灣出版史》。石家庄：河北教育出版社，2000。

孟樊。《臺灣出版文化讀本》。臺北：唐山，2007。

林芳玫。《解讀瓊瑤愛情王國》。臺北：臺灣商務，2006。

林載爵、吳興文。《出版業》。臺北：行政院勞工委員會職業訓練
　　局，1992。

周浩正，管仁健整編。《編輯道》。臺北：文經社，2006。

封德屏主編。《臺灣人文出版社30家》。臺北：文訊，2008。

——。《臺灣文學出版：五十年來臺灣文學研討會論文集》。臺北：
文建會，1996。

陳穎青。《老貓學出版：編輯的技藝&二十年出版經驗完全彙整》。
臺北：時報，2007。

黃大維。《如何成為編輯高手：圖書出版編輯實務》。臺北縣三重
市：冠學文化，2003。

程正春總編。《2008出版年鑑》。臺北：新聞局，2008。

游淑靜等著。《出版社傳奇》。臺北：爾雅，1981。

葉乃嘉。《研究方法的第一本書》。臺北：五南，2006。

——。《企業研究方法》。臺北：麥格羅・希爾，2003，頁188。

應鳳凰。《五〇年代文學出版顯影》。臺北縣：臺北縣政府，2006。

應鳳凰、鐘麗慧。《書香社會》。臺北：行政院文化建設委員會，
1984。

隱地。《回頭》。臺北市：爾雅，2009。

——。《出版心事》。臺北：爾雅，1994。

鍾修賢總編。《中華民國九十二年出版年鑑》。臺北：新聞局，
2004。

蘇拾平。《文化創意產業的思考技術——我的120道出版經營練習
題》。臺北：如果，2007。

（二）中文譯作

小林一博（Kazuhiro kobayashi）著。甄西譯。《出版大崩壞》，上
海：三聯書店，2004。

艾佛利・卡多佐（Avery Cardoza）著。徐麗芳、王秋林等譯。《成功
出版完全指南》。臺北：河北教育出版社，2004。

斯坦利・安文（Unwin Stanley）著。王紀卿譯。《出版概論》。太
原：新華書店，1988。

湯瑪斯・渥爾（Tomas Woll）著。鄭永生譯。《誰說出版不賺錢》。
臺北：高寶，2005。

鷲尾賢也（Washio Kenya）著。陳寶蓮譯。《編輯力——從創意企畫
到人際關係》。臺北：先覺，2005。

Charles W. Lamb., Joseph F. Hair, Carl McDaniel著。魏上凌、黃麗霞、邱

郁琇譯。《行銷學概要》。臺北：新加坡商湯姆生亞洲出版，
2006。

Michael Korda著。卓妙容譯。《打造暢銷書》。臺北：商周，2003。

Philip Kotler著。方世榮譯。《行銷學原理》。臺北：臺灣培生教育，
2007。

（三）英文著作

Michael Snell, Kim Baker, Sunny Baker. From Book Idea to Bestseller: What You Absolutely, Positively Must Know to Make Your Book a Success. Rocklin: Prima Publishing, 1997.

Patrick Forsyth, Robin Birn. Marketing In Publishing. London:Routledge,1997.

2. 學位論文

丁希如。《出版企畫的角色與功能》。南華大學出版學研究所碩士論文，1999年12月。

李政毅。《圖書出版業市場導向與業務經營績效之研究》。南華大學出版學研究所碩士論文，2002年6月。

吳麗娟。《臺灣文人出版社的經營模式》。南華大學出版學研究所碩士論文，2003年6月。

林曉舲。《昨天我媽媽問我徐志摩是誰？——文學作品出版企劃與行銷之研究》。國立中正大學企業管理研究所碩士論文，2004年6月。

洪千惠。《臺灣書系出版之運作與功能》。南華大學出版學研究所碩士論文，2003年6月。

莫昭平。《圖書出版產業的商業模式研究：以時報出版為例》。國立臺灣大學國際企業管理研究所碩士論文，2006年7月。

陳薇后。《臺灣網路書店編輯專業能力之研究》。南華大學出版事業管理研究所碩士論文。2003年6月。

陳俊斌。《臺灣戰後中譯圖書出版事業發展歷程》。南華大學出版學研究所碩士論文，2002年6月。

莊麗莉。《文學出版事業產銷結構變遷之研究——文學商品化現象觀察》。國立政治大學新聞研究所碩士論文，1995年7月。

黃靖真。《文學類暢銷書購買生活型態與消費者行為之研究——以大臺北地區消費者為主》。南華大學出版學研究所碩士論文，2004年6月。

傅家慶。《臺灣圖書出版產業發展策略之研究》。南華大學出版事業管理研究所碩士論文，2004年6月。

楊乾輝。《一般書籍消費者購買行為之研究》。國立政治企業管理研究所碩士論文，1985年7月。

韓明中。《網路書店之市場機會與經營策略》。國立臺灣大學商學研究所碩士論文，1998年9月。

3. 期刊論文與報紙文章

（一）期刊論文

丁希如。〈瘋狂競削價——書市「低價風暴」的省思〉。《文訊》，第156期（1998月10月），頁14。

——。〈租書店的新經營型態〉。《出版界》，第55期（1998年8月），頁18-20。

于善祿。〈書店分級制‧生死經驗談——九十年八月～九月〉。《文訊》，第192期（2001年10月），頁11-12。

王乾任。〈出版社與經銷商、經銷商與書店之間的結帳方式初探〉。《出版界》，第74期（2005年4月），頁44-45。

王榮文。〈華文出版市場VS.臺灣競爭力的Q&A〉。《出版界》，第54期（1998年5月），頁8。

王行恭。〈從印刷設計看臺灣出版的演變〉。《文訊》，第80期（1995年8月），頁21-25。

王祿旺。〈圖書出版業——如何應用整合行銷突破經營困境〉。《出版界》，第75、76期（2005年月11月），頁15-16。

朱玉昌。〈臺灣出版產銷通路的點線面〉。《出版界》，第34期（1992年8月），頁18-21。

宋政坤。〈知識經濟下的政府出版品出版與銷售發展策略〉。《研考雙月刊》，第265期（2006年6月），頁56。

汪淑珍。〈林海音成功經營「純文學出版社」策略解析〉。《出版與管理研究》，第二期（2006年6月），頁91-92。

呂麗容。〈「輕薄短小」的文學年代〉。《書香月刊》，第58期（1996年4月），頁15。

孟樊。〈合縱連橫抑或分裂繁殖──臺灣出版社的分與合〉。《文訊》，第203期（2002年9月），頁49。

──。〈風起雲湧的九○年代臺灣文壇〉。《文訊》，第182期（2000年12月），頁39。

──。〈變臉的書──圖文書時代的來臨〉。《出版學刊》，第二期（1999年6月），頁24。

吳田。〈連鎖書店太強勢不利文化長遠發展〉。《書香遠傳》，第45期（2007年2月），頁23-24。

林良。〈論「倒帳」〉。《出版之友》，第22、23期（1982年10月），頁14。

洪穎真。〈文學裡的一方力量──專訪一方出版社發行人陳雨航先生〉。《文訊》，第203期（2009年9月），頁81。

凌雲。〈單一型書店的明天在哪裡？策略聯盟或許是一條可行的路〉。《出版流通》，第88期（2003年4月），頁29-31。

秦汝生。〈推展編輯創意與誠託的閱讀工程──專訪共和國文化發行人郭重興先生〉。《文訊》，第203期（2009年9月），頁83-84。

陳書凡。〈放眼全球連鎖書店多是輸家〉。《Taiwan News‧文化周刊》，第191期（2005年6月），頁48-49。

陳薇后。〈與網路小說的第一次親密接觸──專訪紅色文化總編輯葉姿麟女士〉。《文訊》，第203期（2002年9月），頁75。

陳素芳。〈建立一種良性的溝通──談出版社的「書訊」〉。《文訊》，第67期（1994年7月），頁39-40。

黃珞文。〈版權代理面面觀〉。《出版界》，第46期（1996年1月），頁52-53。

黃國治。〈臺灣出版業的「苦」與「變」〉。《臺灣光華雜誌》，第33卷第5期（2008年2月），頁73。

——。〈強勢通路逼出另類蹊徑〉。《臺灣光華雜誌》，第33卷第5期（2008年2月），頁76。

蔡文婷。〈搶進未開放的大陸書市〉。《臺灣光華雜誌》，第27卷第4期（2002年4月），頁74。

編輯部。〈書籍用紙的計算〉。《出版流通》，第86期（2002年12月），頁12。

——。〈海外的商機與市場經營〉。《出版界》，第54期（1998年5月），頁42。

編輯小組。〈書店促銷面面觀（二）——推薦書與動態活動〉。《出版流通》，第61期（1997年4月），頁3。

應鳳凰。〈封面的天光雲影——1950年代文學出版社與封面設計〉。《文訊》，第272期（2008年6月），頁77-81。

——。〈文學出版與文化生產機制〉。《文訊》，第188期（2001年6月），頁6。

——。〈開拓出版原野的文星書店（下）〉。《文訊》，第18期（1985年6月），頁280。

隱地。〈出版與發行〉。《出版之友》，第16、17期（1981年3月），頁18。

蘇惠昭。〈2008年臺灣出版回顧〉。《全國新書資訊月刊》，第121期（2009年1月），頁13、16。

羅之盈。〈統一超強勢問鼎臺灣.com通路第一集團〉。《數位時代》，第166期（2008年3月），頁87。

（二）報紙文章

李至和。〈聯合發行推圖書經銷整併〉。《經濟日報》，2009年3月9日，A13版。

林欣誼。〈翻譯小說氣勢大不如前〉。《中國時報》，2008年11月3日，A10版。

趙大智。〈陶子出書賣25萬本捐300萬版稅〉。《Upaper》，2010年7月28日，18娛樂版。

何定照。〈「政大書城」10月關門轉攻網路〉。《聯合報》，2010年8月4日，A9版。

何定照。〈像樣書店沒半家政大想到花蓮開〉。《聯合報》，2010年8月4日，A9版。
何定照。〈網路書店業績年年飆〉。《聯合報》，2010年8月4日，A9版。
于倩若。〈電子書夯美書店龍頭找買主〉。《經濟日報》，2010年8月5日，A7版。
莊雅婷。〈亞馬遜新Kindle引爆低價戰〉。《經濟日報》，2010年7月30日，A5版。

4. 網路資料

九歌文學網站，（http://www.chiuko.com.tw/company.php）。
國家網路書店，（http://www.govbooks.com.tw/）
天下遠見讀書俱樂部網站，（http://rs.bookzone.com.tw）。
中國時報網站，（http://news.chinatimes.com）。
雅虎奇摩網站，（http://tw.yahoo.com）。
城邦媒體控股集團網站，（http://www.cph.com.tw）。
時報悅讀網（http://www.readingtimes.com.tw）。
第十七屆臺北國際書展官方網站（http://www.tibe.org.tw/2009）。
統一超商網站（http://www.7-ELEVEN.com.tw）。
新聞局網站，（http://info.gio.gov.tw/ct.asp?xItem=35379&ctNode=3532）。
維基百科網站，（http://zh.wikipedia.org/wiki/%E5%9F%8E%E9%82%A6%E6%96%87%E5%8C%96）。
TVBS網站，（http://www.tvbs.com.tw）。

新·座標　PI0018

新銳文創
INDEPENDENT & UNIQUE

為什麼書賣這麼貴？
──臺灣出版行銷指南

作　　者	楊　玲
責任編輯	邵亢虎
圖文排版	陳宛鈴
封面設計	陳佩蓉

出版策劃	新銳文創
發 行 人	宋政坤
法律顧問	毛國樑　律師
製作發行	秀威資訊科技股份有限公司
	114 台北市內湖區瑞光路76巷65號1樓
	電話：+886-2-2796-3638　傳真：+886-2-2796-1377
	服務信箱：service@showwe.com.tw
	http://www.showwe.com.tw
郵政劃撥	19563868　戶名：秀威資訊科技股份有限公司
展售門市	國家書店【松江門市】
	104 台北市中山區松江路209號1樓
	電話：+886-2-2518-0207　傳真：+886-2-2518-0778
網路訂購	秀威網路書店：http://www.bodbooks.com.tw
	國家網路書店：http://www.govbooks.com.tw

出版日期	2011年11月　初版
定　　價	280元

國家圖書館出版品預行編目

為什麼書賣這麼貴？：臺灣出版行銷指南 / 楊玲著. --
初版. --　臺北市：新銳文創, 2011.11
　　面 ；　公分. -- （新銳文學叢書；PI0018）
　ISBN　978-986-6094-34-7（平裝）

　1. 出版業　2. 行銷管理　3. 臺灣

487.7   100018861

讀 者 回 函 卡

感謝您購買本書，為提升服務品質，請填妥以下資料，將讀者回函卡直接寄
回或傳真本公司，收到您的寶貴意見後，我們會收藏記錄及檢討，謝謝！
如您需要了解本公司最新出版書目、購書優惠或企劃活動，歡迎您上網查詢
或下載相關資料：http:// www.showwe.com.tw

您購買的書名：_____

出生日期：_____年_____月_____日

學歷：□高中 (含) 以下　　□大專　　□研究所 (含) 以上

職業：□製造業　□金融業　□資訊業　□軍警　□傳播業　□自由業
　　　□服務業　□公務員　□教職　　□學生　□家管　□其它_____

購書地點：□網路書店　□實體書店　□書展　□郵購　□贈閱　□其他

您從何得知本書的消息？

　　□網路書店　□實體書店　□網路搜尋　□電子報　□書訊　□雜誌

　　□傳播媒體　□親友推薦　□網站推薦　□部落格　□其他_____

您對本書的評價：(請填代號　1.非常滿意　2.滿意　3.尚可　4.再改進)

　　封面設計____　版面編排____　內容____　文／譯筆____　價格____

讀完書後您覺得：

　　□很有收穫　□有收穫　□收穫不多　□沒收穫

對我們的建議：_____

_____

_____

_____

11466
台北市內湖區瑞光路 76 巷 65 號 1 樓

秀威資訊科技股份有限公司 收
BOD 數位出版事業部

....

（請沿線對折寄回，謝謝！）

姓　　名：_____　年齡：_____　性別：□女　□男

郵遞區號：□□□□□

地　　址：_____

聯絡電話：(日) _____　(夜) _____

E-mail：_____